QIAN QI BAI GUAI
DA ZI RAN
千奇百怪大自然
动物世界大揭秘
罗 伟 杨典雅 主编
U0349061
中国农业科学技术出版社

图书在版编目（CIP）数据

动物世界大揭密 / 罗伟, 杨典雅主编. — 北京：中国农业科学技术出版社, 2015.1

（千奇百怪大自然）

ISBN 978-7-5116-1935-8

Ⅰ. ①动… Ⅱ. ①罗… ②杨… Ⅲ. ①动物–普及读物 Ⅳ. ①Q95-49

中国版本图书馆CIP数据核字(2014)第283129号

责任编辑　张志花
责任校对　贾晓红
装帧设计　王　娜
插　　画　陈　旭
摄　　影　于冠楠　单　良
出 版 者　中国农业科学技术出版社
　　　　　北京市中关村南大街12号　邮编：100081
电　　话　（010）82106636（编辑室）（010）82109702（发行部）
　　　　　（010）82109709（读者服务部）
传　　真　（010）82106631
网　　址　http://www.castp.cn
经 销 者　各地新华书店
印 刷 厂　北京卡乐富印刷有限公司
开　　本　710mm × 1000mm 1/16
印　　张　12
字　　数　110千字
版　　次　2015 年 1 月第 1 版　2015 年 1 月第 1 次印刷
定　　价　38.00 元

《千奇百怪大自然》丛书

编委会

目录

CONTENTS

动物世界大揭秘

动物世界大揭秘

动物世界大揭秘

鸵鸟是世界上最大的鸟吗

在动物世界里，鸟类是当之无愧的“空中霸主”，几乎所有的鸟类都能在蓝天自由地飞翔。唯一遗憾的是，作为世界第一大的鸟——鸵鸟却不会飞。

鸵鸟，又叫非洲鸵鸟。它的长相十分有趣，秃脑袋，长脖子，扁嘴巴，蛤蟆眼，大长腿，身高2.5米左右，一副趾高气扬的样子。毛的颜色也不鲜艳。无论按照什么审美标准，鸵鸟绝对不能说是好看。

与高大壮硕的身躯相比，鸵鸟的翅膀真是小得可怜，而且它没有飞行鸟类所具有的突起的龙骨和发达的胸肌，尾骨还很小，想飞上天空真是痴人说梦。

鸵鸟虽然不会飞，但却是名副其实跑得最快的鸟类。它那两条大长腿粗壮有力，足趾退化到了两趾以适应奔跑；那对小

翅膀奔跑时可以维持身体平衡，还能够助跑，就像我们人类在跑动的时候摆动双臂一样。鸵鸟一步可达3米，最快速度可达80千米每小时，能轻易地赶上快马。

鸵鸟喜欢几十只成群结伴地生活，以植物、浆果、种子和小动物为主要食物。鸵鸟蛋在所有的鸟蛋中是最大、最重的，而且十分坚硬。

人们常说“鸵鸟在危急时刻会把头埋在沙堆里”，其实这种说法是不准确的。鸵鸟的头颈很长，目光锐利，正所谓站得高望得远，能及时发现天敌的偷袭行为并躲避。真遇上敌手时，它也会用那强壮有力的长腿予以反击，哪管你什么狮子、豹子等猛兽，它也敢一较高下。

世界上最小的鸟是什么鸟

鸵鸟是世界上最大的鸟，那世界上最小的鸟是什么鸟呢?

答案是蜂鸟。

为什么说蜂鸟最小？它究竟小到什么程度呢？蜜蜂是我们大家经常看到的昆虫，蜂鸟的大小比蜜蜂大些，最小的蜂鸟身体长度也就5厘米左右，体重也只有2克左右。

蜂鸟身体太娇小，体重太轻，所以没有多少贮存的能量。蜂鸟为了保持体温，满足飞行所需的能量，每10分钟就得吃一次东西。它每天要吸食大量的花蜜，但不是用嘴去吸，而是用长长的管状的长舌头，伸进花蕊里粘蜜吃。

蜂鸟在飞行采蜜时会发出嗡嗡的响声，所以被称为蜂鸟。 蜂鸟的羽毛鲜艳华丽，身体轻盈，动作迅疾敏捷，真正是大自然的小宠儿。人们常用“神鸟”、“彗星”、“森林女神”和“花冠”等美好的名字来赞美它。

蜂鸟的飞行本领可谓十分强大。它的翅膀非常灵活， 每秒钟能振动50~70次，飞行的速度很快，可达50千米每小时，高度可达四五千米。人们往往只听到它的声音，却看不清它的身影。蜂鸟的飞行绝技是倒飞、垂直升降和在空中停止不动，就像直升飞机一样。

蜂鸟在树枝上造窝。鸟窝用丝状物编织而成，做工十分精细，看上去就像悬挂在树枝上的一只精致的小酒杯。蜂鸟的卵只有豆粒般大小，是世界上最小的鸟卵，每枚重量仅0.5克，大约200个蜂鸟蛋才有一个普通鸡蛋那么大。

动物会杀死自己的孩子吗

有句话说“虎毒不食子”，意思是，动物为了延续自身，有一种天生的保护和抚育自身后代的本能。但是，据专家的观察，也有许多动物残酷地杀死自己的孩子，如灵长类、啮齿类、鸟类等许多动物。这究竟是为什么呢？

专家经过观察和研究发现，动物们往往为了扩大生存空间，减少对食物的竞争，才会采取杀害幼仔的行动。比如，种群密度较高的猴子、猩猩中常常发生杀死幼仔的事情。在环境条件比较恶劣，如食物极度贫乏、缺水、受惊扰，或者幼仔有病、发育不良等情况下，兽妈妈也会杀死

幼仔。母兔在刚产下幼仔时如果受到了惊吓，就会吃掉幼兔。在某些情况下，兽妈妈只是把最后出生的幼仔杀死，而让其他的幼仔活下来。

雄兽也会杀婴，如当一只雄狮子将另一只雄狮子打败之后，失败的雄狮子所拥有的“妻子群”就会被胜利了的雄狮子所占有。这时新的雄狮子往往就会残忍地将原先雄狮子的幼仔统统咬死，但不会吃掉，它们是不是也像人类一样担心小幼仔长大了会报仇呢？

鹦鹉真的会说话吗

鹦鹉聪明伶俐，学习能力很强，是鸟类中不可多得的“表演艺术家”。鹦鹉是鸟类，可为什么它们能学会说人话呢？小朋友们知道为什么吗？

鸟类有灵敏的听觉和精致发达的鸣管，会本能地模仿其他动物的叫声。而鹦鹉、八哥等由于舌头比其他鸟类尖细、柔软多肉，所以更擅长模仿人的声音。这是一种条件反射，这种仿效行为在科学上也叫效鸣。

鸟类没有发达的大脑皮质，因而没有思想和意识，不可能懂得人类语言的含义。所以鹦鹉的说话只是从声音上模仿人类，不算真正意义上的说话，和人类是完全不同的。

猫头鹰为什么睁一只眼闭一只眼

猫头鹰长着一张奇特、古怪的脸，眼睛又大又圆，像猫眼一样。小朋友们对猫头鹰那睁一只眼闭一只眼的形象一定十分熟悉吧？它的眼睛不是长在头部两侧，而是长在正前方，眼的四周的羽毛向外散开，呈圆盘状。

为什么猫头鹰总是睁一只眼闭一只眼呢？因为猫头鹰是夜行性的鸟类，白天强烈的阳光对它的眼睛刺激很厉害，它很不

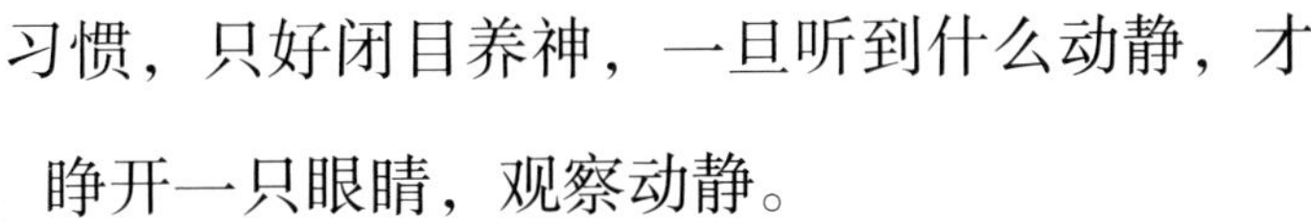

习惯，只好闭目养神，一旦听到什么动静，才睁开一只眼睛，观察动静。

大多数猫头鹰是在夜间活动的。它们凭借敏锐的听觉和视觉，在黑夜中捕猎。猫头鹰的大眼睛能吸收所有的光线。不过，它的眼睛虽然很大，却不能左右转动，要想转动就得连头一起转，所以我们常看到猫头鹰歪着头的样子，是不是很可爱？

猫头鹰的耳朵辨别声音的能力特别强。它那敏锐的听力，能听到森林中发出的哪怕是极微弱的一点点响声，老鼠只要一动就会被它发现。它的翅膀上长着一层带缘缨状边缘的羽毛，能将飞行中翅膀拍打发出的声音隐藏起来，使得它能够悄无声息地接近猎物。尖利的爪子，敏捷的动作，就像冷峻的杀手，人们称其为“飞虎”。

猫头鹰可以毫不费力地在一夜之间捕捉许多猎物。它抓到猎物后，会把猎物带到树枝上，还能把猎物撕成碎块。

猫头鹰与啄木鸟有着良好的协作关系。啄木鸟在树上敲出栖息的树洞，这树洞后来就成了猫头鹰的家。

燕子的尾巴为什么像剪刀

有这样一个谜语，大家猜一下哟。

小小姑娘黑又黑，
秋天走了春天回，
带着一把小剪刀，
半天空里飞呀飞。

这个谜语说的是哪种动物呢？

对，是燕子。一身乌黑的羽毛，轻盈的翅膀，再加上剪刀状的尾巴，这就是报春的小使者——燕子。

燕子的尾巴为什么长成剪刀的形状呢？

原来是这样的，燕子在飞翔的时候经常会遇到气流的阻力，而剪刀的形状是流线型的，这种形状能将燕子在飞行中遇到的阻力减到最小，使它们飞得更快。剪刀状的尾巴还能很好地保持身体平衡，这就提高了飞行速度。

由于小燕子的胃口特别大，每天要吃掉几百条虫子，因此，燕子父母需要捕捉到更多的食物来喂它们，也就是说，燕子要飞得更快、更稳，捕食的效率才会更高。

孔雀开屏是要和人类比美吗

孔雀是百鸟之王，是吉祥、华贵的象征，产于东南亚和东印度群岛。它是一种非常大型的陆栖雉类，有羽冠。雄的尾毛很长，展开时像把大扇子，主要为绿色和白色。

绿孔雀，冠羽呈长条形，雄性以开屏而闻名于世。雄孔雀的羽毛翠绿，下背闪耀着紫铜色的光泽。尾上的覆羽特别发达，平时收拢在身后藏着，伸展开来时长约1米，就是“孔雀

开屏”。这些羽毛色彩斑斓，犹如金绿色的丝绒一般，末端还有众多由紫、黄、蓝、红等色构成的大型眼状斑，开屏的时候反射着光彩，像无数面小镜子，华贵无比。头顶上那高高耸立着的羽冠，看起来更显高贵。

孔雀为什么会开屏呢？有人说孔雀开屏是与人类“比美”，这是真的吗？

每年春季，尤其是3~4月，孔雀开屏的次数最多，因为这是它们求偶交配、产卵繁殖后代的季节。于是，雄孔雀就展开它那五彩缤纷、色泽艳丽的尾屏，还不停地做出各种各样优美的舞蹈动作，向雌孔雀炫耀自己的美丽，以此吸引雌孔雀。待到它求偶成功后，便与雌孔雀一起产卵育雏。

孔雀开屏还有一个原因，是为了保护自己。在孔雀的大尾屏上，我们可以看到许多近似圆形的“眼状斑”，这种斑纹从内至外是由紫、蓝、褐、黄、红等颜色组成的。一旦遇到敌人而又来不及逃避时，孔雀便会突然开屏，然后抖动得“沙沙”作响，很多的眼状斑便随之乱动起来，远远看去，像只“千眼怪兽”一样，敌人也就不敢贸然前进了。这时的开屏，就是一种示威、防御的行为。

小鸟睡觉时会不会从树上掉下来

小鸟为什么能站在树枝上睡觉却不会掉下来呢？

这和它们的身体构造有关。

小鸟腿上的肌肉几乎全部集中在腿的上部，下部只有骨头和一条筋，一直连到小鸟的脚趾上。小鸟落在树上的时候，腿一弯曲，腿上的筋就会牵动脚趾，脚趾也跟着弯曲，将树枝牢牢钩住。小鸟立在树上睡觉时，由于身体的重压，腿会一直处于弯曲的状态，所以它的脚趾就会一直紧紧地抓住树枝，而不会摔下来。

小鸟不仅身体构造很特别，大脑也非常发达，能够随时调节肌肉和骨骼的运动，使肌肉保持紧张，从而在睡觉的时候也能保持平衡，不会乱晃，也不会从树上掉下来。

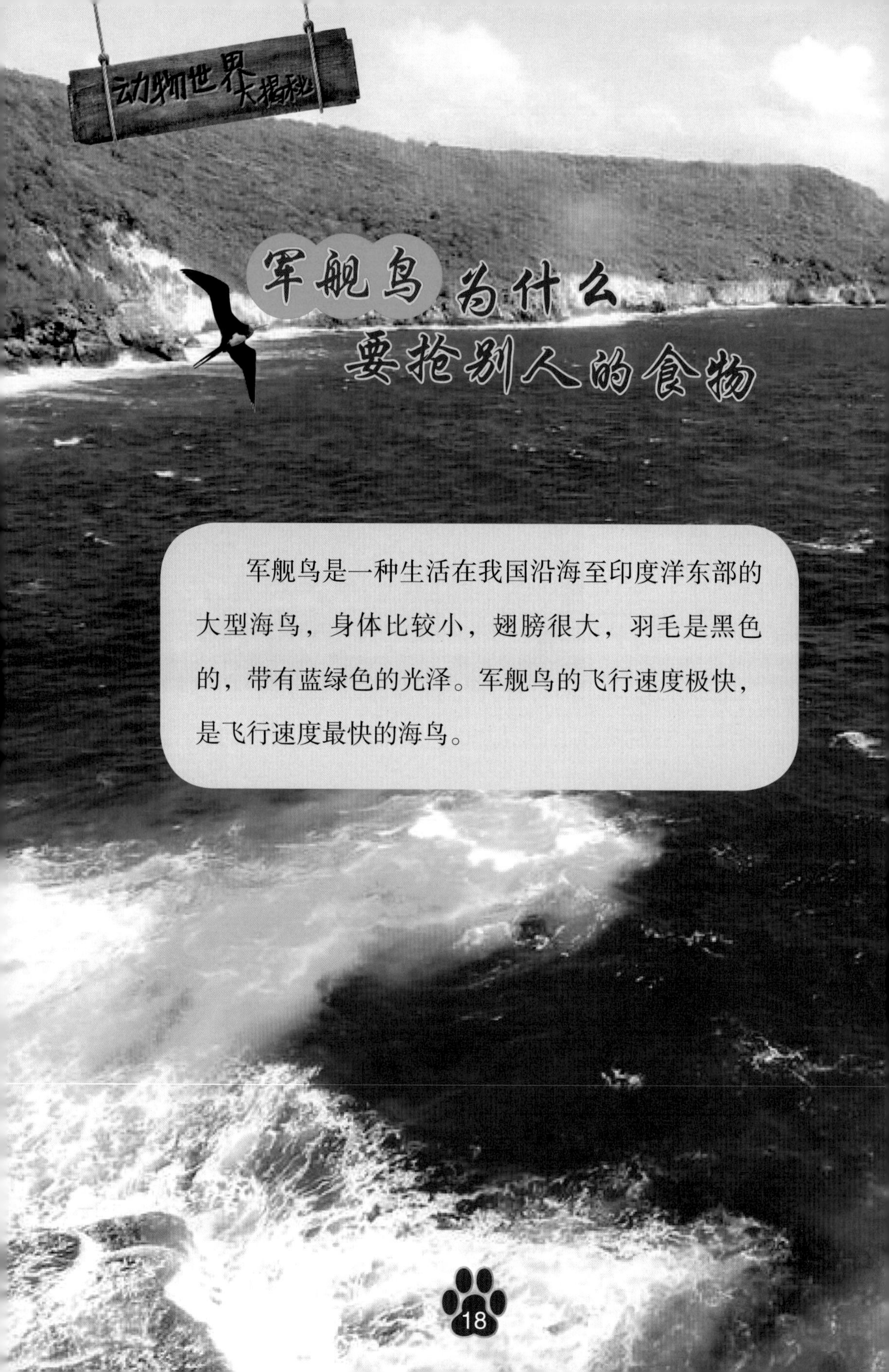

军舰鸟为什么要抢别人的食物

军舰鸟是一种生活在我国沿海至印度洋东部的大型海鸟，身体比较小，翅膀很大，羽毛是黑色的，带有蓝绿色的光泽。军舰鸟的飞行速度极快，是飞行速度最快的海鸟。

军舰鸟喜欢吃鱼。在海鸟当中，军舰鸟可是有名的“旱鸭子”，水性很差，不敢下水，但是却酷爱吃飞鱼。这怎么办呢？

于是，军舰鸟凭借高超的飞行本领，练就了一手捕鱼绝技。鲷鱼也酷爱吃飞鱼，凡是有飞鱼群出现的地方，就会有鲷鱼在尾随。在鲷鱼追击飞鱼的时候，军舰鸟就在天上紧跟着，它的目光时刻盯着鲷鱼，寻找捕猎的好时机。当鲷鱼冲到飞鱼群中，飞鱼为逃命跃出水面在空中滑翔时，军舰鸟便会迅速俯冲下去，准确无误地一口叼住飞鱼。据说，美国的“爱国者”导弹，就是科学家受军舰鸟的启迪研制出来的。

军舰鸟平时都会躲在岸边的树上或海里的礁石后面，看到其他海鸟捕食回来，就突然蹿出来，用它的大翅膀夹住对方，还不停地大叫。海鸟被吓蒙了，丢下食物便跑，军舰鸟就成功地抢到了食物。

羽毛最多的鸟是什么鸟

有一种鸟，有着洁白的羽毛，修长的颈项，优美的身姿，动人的叫声，它就是天鹅。在东西方文化中，人们都把白色的天鹅作为纯洁、忠诚、高贵的象征。许多艺术家都以天鹅为题材创作了传世佳作，柴可夫斯基的芭蕾舞剧《天鹅湖》，安徒生的童话《丑小鸭》，相信许多小朋友都知道。在广阔的星空中也有天鹅的身影，那就是天鹅座，是希腊神话中众神之王宙斯的化身。

天鹅，是所有鸟类里羽毛最多的，全身约有25000根羽毛。有了这些厚厚的羽毛，即使在零下三四十摄氏度的晚上睡觉也不会感到寒冷。天鹅还是高飞的冠军，高度可达9千米，能飞越珠穆朗玛峰。不过天鹅身体很重，在起飞的时候要在水面或地面向前冲跑一段距离。

天鹅对伴侣非常忠诚，一直保持着“终身伴侣制”。在南方越冬时，不论是找食物或者休息，都是成双成对的。天鹅妈妈在产卵时，天鹅爸爸就一直在旁边守卫着。遇到敌害时，天鹅爸爸就会拍打翅膀上前迎敌，勇敢地与对方搏斗。小天鹅生存能力很强，出壳几小时后就能跑和游泳。平时，天鹅也是成双成对的，如果一只不幸死亡，另一只不会再寻找新的伴侣，而是终生单独生活。

冬泳的鸭子冷不冷

即使在寒冷的冬天，我们也能看到鸭子在水中快乐地游动玩耍，还不时发出嘎嘎的叫声。要知道，冬天的河水可是冰冷刺骨的，难道鸭子就不怕冷吗？

原来，鸭子的身体能很好地适应水中生活。它们体内的很多地方，甚至是内脏的周围，都积存着许多用来保暖的脂肪。此外，它的尾巴上还有一对发达的尾脂腺，羽毛既厚又不易透水。

如果注意观察，小朋友就会发现，每当鸭子爬上岸后，就会用嘴往尾巴背面的尾脂腺上啄，啄出一些油脂后，再梳理身上湿了的羽毛，顺便将油脂往羽毛上擦，所以它的羽毛就能长久保持不透水的特性了。

在冬天，陆地上的空气要比水里的温度低一些，所以鸭子反而比较适合待在水里。再加上鸭子在水中不停地划动，身体会产生热量，还有，鸭子身上有一层厚厚的防水羽毛包裹着，热量不容易散失，所以它就不怕冷了。

鸭子正常的体温，通常在42摄氏度左右。它们的小腿和脚掌中的骨髓凝固点很低，即使长时间处在冰水中，脚也不会冻僵。这种常见的小动物抗寒能力就是这么强大，因此我们只听人说“落汤鸡”，却从没有人说“落汤鸭”。

鸳鸯的爱情是“忠贞不渝”的吗

鸳鸯在人们的心目中象征着永恒的爱情，是一夫一妻、白头偕老的表率。人们认为鸳鸯一旦结为配偶，便会终生相伴，即使一方不幸死亡，另一方也不会去寻找新的伴侣，而是孤独地度过余生。其实，这只是人们看见鸳鸯的亲昵举动，通过联想产生的美好愿望，事实完全不是这样的。

鸳鸯是鸭科的一种。它的另一个别名是官鸭。鸳为雄，鸯为雌。

雄鸳鸯可是个恋爱高手。它能一眼看透雌鸳鸯的虚荣心，然后以自己华丽的外表和翩翩风度抓住雌鸳鸯的眼球，再以甜蜜浪漫的爱情攻势俘获雌鸳鸯的芳心，直到最后雌鸳鸯诞下幼卵。至此，雄鸳鸯大功告成，几个月后，恋爱“保鲜期”一过，它又盛装出发，奔向另一个雌鸳鸯。而产卵的雌鸳鸯便会独自承担起抚养幼雏的重任。

有人说雄鸳鸯是“爱情骗子”，但也有人替雄鸳鸯辩解，认为鸟类的婚外情完全是为了种族的延续。因为“忠贞不渝”对鸟类来说很危险，会让鸟类灭绝的危险更大。而雄鸳鸯的“到处留情”增加了它们的繁殖机会，同时也使其遗传基因更加多样化。

麻雀是在沙堆里洗澡吗

我们经常可以看到成群的麻雀在沙堆里不停地拍打翅膀，它们是在觅食吗？

其实，它们是在沙浴，也就是用沙子洗澡。

鸟类通常都有爱干净的习性。它们一停下来，总会把自己的羽毛整理得干干净净，整整齐齐。麻雀也是如此。

为了保持身体干净，小鸟们经常用水洗澡。如果你仔细观察家中饲养的金丝雀、文鸟等，就会发现它们的这个习性。早上给它们换好水后，它们就立刻用嘴巴往身上淋水或者干脆在里面打滚，就像人类每天早上要洗脸一样。但是，在没有水的时候，小鸟们只好以沙代水，把沙土扬在身上或者在沙堆里拍打翅膀。

沙浴时，麻雀会先把全身羽毛蓬松竖立起来，以两翅和两爪不断拨起沙子，撒到全身的羽毛里，然后抖动身体，用翅膀不停地拍打，使沙子离开身体，如此反复多次，以去掉身上的污垢和羽虱。沙浴可使鸟的皮肤健康、增强其消化功能。

乌鸦的智商有多高

小朋友们一定听过乌鸦与狐狸的故事吧？故事里那个乌鸦听信了狐狸的花言巧语，以致到嘴的肥肉都被狐狸骗走了。难道乌鸦的智商有问题？

研究人员发现，乌鸦具有很高的智商，它的大脑很发达，脑重量占体重的比例可以和灵长类动物相媲美。

当然，乌鸦的聪明很早就得到了人们的认同。小朋友们都知道“乌鸦喝水”的故事吧：乌鸦会向水罐里扔小石块，用这样的方式来抬高水位，从而让自己喝到水。

乌鸦还会“制造”工具，比如把树枝弄弯，以钩出树干中的虫子。在日本，一所大学附近的十字路口，经常有乌鸦等待红灯的到来。红灯亮时，乌鸦飞到地面上，把胡桃放到停在路上的车的轮胎下面。等交通指示灯变成绿灯后，车子开始行驶，把胡桃辗碎，乌鸦们就赶紧再次飞到地面上美餐一顿。

杜鹃是由别的鸟来孵化后代的吗

杜鹃，又名布谷鸟，大家都知道它是食虫的益鸟。但是，有一种杜鹃的童年可是不太光彩。

杜鹃具有托卵寄生性。杜鹃妈妈既不会筑巢，也不会孵化后代，每到繁殖季节，就躲在其他鸟类的巢附近，等待时机。

这种杜鹃一看到其他鸟妈妈离巢，就赶紧飞到人家的巢里去产卵，产卵后马上飞走。有时候它实在等不急了，就把卵产在地上，然后再找个机会把卵衔到别的鸟巢里。为了迷惑这个巢里的鸟妈妈，它会将人家正在孕育的一枚卵取走，饿了就吃掉，不饿便毁掉。伪装好后，杜鹃就算完成了生儿育女的任务。因为卵的颜色、形状十分接近，这个

巢里的鸟妈妈根本察觉不到自己的卵被掉包了。

小杜鹃在“养母”的怀抱里经过12天就出壳了，为了避免其他的幼鸟出世后与它争夺食物，趁着“养父母”不在时，杜鹃妈妈会使出全身的力气，用头和屁股把“养母”的亲生子女一个个拱出巢外摔死，最后只剩下它这个“独生子”，独享“养母”的哺育。即使有幸存者，也无法与小杜鹃竞争，因为它们个头大，生长速度特别快，长出绒毛后它们的个头就已经超过它们的“养父母”了。可怜的“养父母”们每天要飞来飞去努力寻找食物，喂养这个与自己没有任何关系的小家伙。20天后，小杜鹃就会不辞而别，开始自己的新生活。

啄木鸟会不会得脑震荡

啄木鸟被称为树木的医生，是因为它发现树木中有虫子的时候，就会把树皮啄破，把害虫抓出来吃掉。科学家发现，啄木鸟一天可发出500~600次的敲木声。神奇的是，啄木鸟每秒啄木15~16次，每一次敲击的速度可达555米每秒，这比声音在空气中的传播速度还要快1.4倍！这样推算的话，啄木鸟头部摆动的速度比子弹出膛时的速度还要快1倍多，它头部所受的冲击力等于所受重力的1 000倍。

或许有人会担心，啄木鸟头部受到如此巨大的冲击力，会不会得脑震荡呢？

科学家解剖了啄木鸟的头部，发现它的头部很特殊：头颅十分坚硬，脑组织十分致密，骨质松而充满气体；头的内部有一层坚韧的外脑膜，在外脑膜和脑髓间有狭窄的空隙，能减弱敲击木头时带来的震波。再加上啄木鸟头部的两侧有强有力的肌肉系统，也能起到防震的作用。所以，啄木鸟是不会发生脑震荡的。

鸟类有牙齿吗

鸟类有牙齿吗？生物学家的回答是：绝对没有。但是有很多人说自己看到了鸟类的牙齿，这是怎么回事呢？

大家都知道，鸟类的生活以飞行为主，活动强度大，新陈代谢旺盛，每天需要耗费巨大的体能。为了满足飞行的需要，它们一定要不断寻找食物，快速吞食和消化。不然，像爬行动物那样细嚼慢咽地粉碎、消化食物，就会出现生存危机。

为了适应飞行生活，鸟类形成了一种新的消化食物的方式：它们用锥形的嘴巴来啄食，因为没有牙，就将整粒或是整块食物迅速吞下，然后将食物贮藏在嗉囊中。食物在嗉囊中经过软化后，由砂囊磨碎，再由消化系统的其余部分加以消化、吸收。这种方式并不需要牙齿以及相关的系统来完成，与取食有关的骨骼退化后，体重大大地减轻了，更有利于飞行。而且这种利用砂囊磨碎的方法，即使是在飞行过程当中，也能够正常进行。

金雕为什么被称为“猛禽之王”

金雕属于鹰科，在北半球是一种相当有名的昼行性猛禽。金雕以其突出的外观和敏捷有力的飞行而著名。它有着强壮而巨大的翅膀。成鸟的双翼平展开来超过2.3米。锐利的目光，宛如匕首般的利爪，都显示出它的强大和威慑力。这些确立了它的猛禽之王的地位。

金雕的腿上全部披有羽毛，脚是三趾向前，一趾朝后，趾上都长着锋利无比的又粗又长的利爪，内趾和后趾上的爪更为锐利。抓获猎物时，它的爪能够如利刃一般同时刺进猎物的要害部位，撕裂猎物的皮肉，扯断血管，甚至扭断猎物的脖子。

它那巨大的翅膀也是强有力的武器，有时一下扇过去，就可以将猎物击倒在地。

金雕猎食时展开双翅翱翔于高空中，利用上升热气流攀升到天空高处以节省体力。它御风飞行，俯视大地，任何猎物都逃不出它锐利的眼睛。一旦找到目标，金雕便鼓动翅膀下降并转向猎物的方向，然后收拢双翅，贴近地面飞行，出其不意地扑向猎物。

金雕虽然有着巨大的翅膀，但运载能力却很差，负重能力还不到1千克。在捕到较大的猎物时，它会在地面上将猎物肢解，先吃掉好肉和心、肝、肺等内脏部分，然后再将剩下的分成两半，分批带回巢内。

丹顶鹤的红顶有毒吗

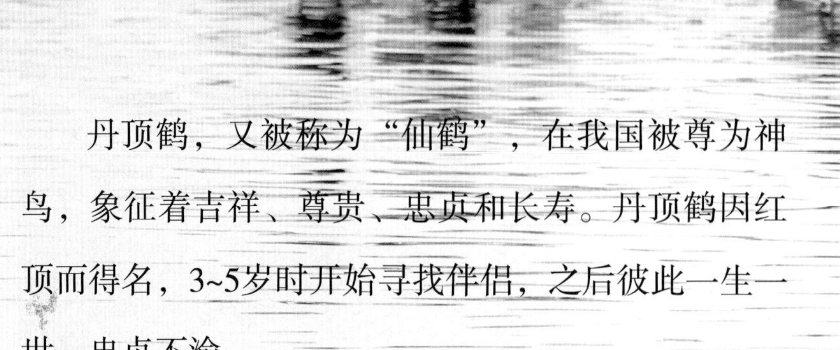

丹顶鹤，又被称为“仙鹤”，在我国被尊为神鸟，象征着吉祥、尊贵、忠贞和长寿。丹顶鹤因红顶而得名，3~5岁时开始寻找伴侣，之后彼此一生一世，忠贞不渝。

一提起丹顶，人们就会想到“鹤顶红”，在古代，这是种剧毒药。那么，是不是丹顶鹤的丹顶里有剧毒呢？

其实，丹顶是由丹顶鹤腺体前叶分泌的促性腺激素产生的。幼鸟是没有丹顶的，只有成熟后，丹顶才会出现。这纯粹是一种生理现象，丹顶其实是没有毒的。

丹顶鹤的丹顶的大小和深浅程度并不是一成不变的。春季时，红色的区域比较大，颜色也很鲜艳；冬季的时候就会变小。丹顶还能显示出丹顶鹤本身的健康状况，健康时红顶大，生病时则会变小。当丹顶鹤死亡后，丹顶的红色就会渐渐褪去。

大雁飞行时为什么要排队形

湛蓝的天空中，一群大雁飞过。它们排着整齐的队伍，有时候是“一”字形，有时候是“人”字形，没有一只是擅自脱离队伍的。大雁为什么要排成队形呢？

大雁是迁徙类的鸟，春天飞到北方繁殖，冬天又飞回南方过冬。漫长的迁徙过程中，体力的消耗是很大的，尤其是老弱病残的大雁，想飞到目的地很不容易。所以，大雁们排成了这种队形，是为了更好地节省力气。

最前面的头雁拍打翅膀，产生一股上升的气流，后面的大雁借着这股气流飞行，可以省力。这样，一只跟着一只，就排成了“一”字或“人”字队。年轻力壮的大雁通过拍打翅膀扇起一阵风，把小雁从下面送到上面，这样小雁就不会掉队了。

这就是大雁的集体协作精神，小朋友们想想看，其实还有一些体育运动也是这种形式的，你们知道是什么吗？（答案是：篮球、足球等集体项目）

猪为什么天天睡大觉

提起猪，人们马上就会想到“懒猪”这个词，因为猪除了吃饭以外，几乎所有的时间都在睡觉，无论春夏秋冬。猪为什么这么喜欢睡觉呢？

其实，猪喜欢睡觉的主要原因是猪的大脑里有一种物质，叫内啡肽，这种物质具有麻醉作用，而且还可以舒缓情绪。再加上猪特别怕热，一活动就会热，所以它们轻易不乱动，没事就睡大觉了。

臭鼬有多臭

臭鼬，脑袋黑亮黑亮的，小小的眼睛，两眼间有一狭长白纹，耳朵又短又圆，四肢短，前足爪长，后足爪短，每个爪上有5个脚趾，尾巴上长着浓密的毛，像刷子一样，看起来非常可爱。两条宽阔的白色背纹从颈背开始，向后一直延伸至尾基部。尾部肛门处有两个大的臭腺，能产生特殊的臭鼬麝香。

臭鼬用它那特殊的黑白颜色警告试图攻击它的敌人。如果敌人靠得太近，臭鼬就会低下身来，竖起毛茸茸的尾巴，用前爪跺地发出警告。如果敌人对这样的警告不理不睬，臭鼬便会转过身，向敌人喷出恶臭的液体。这种液体就是由尾巴旁的腺体分泌出来的。

在3.5米距离内，臭鼬一般百发百中。被击中者会在短时间内失明，液体的强烈的臭味在800米左右的范围内都能闻得到。所以大部分掠食者，像美洲豹，除非它们非常饥饿，不然不会去招惹臭鼬。

人们为什么管黑熊叫"黑瞎子"呢

如果撇开黑熊伤人这种恐怖的事情不谈，单看黑熊还是很可爱的。它的头很宽，嘴巴很大，四肢粗壮，两只耳朵又大又圆，有点儿像狗，所以人们叫它狗熊。黑熊可是动物界的大力士。它的身材魁梧雄壮，站起身来约有2米高，体重可达200千克，但4条腿很短，走起路来摇摇晃晃，看上去笨头笨脑的，所以有人叫它"笨狗熊"。其实，它一点都不笨。它不仅善于游泳和奔跑，而且还是出色的爬树能手。别看黑熊长得如此魁梧，可它天性胆小，遇到敌害时首先是逃避，只有在万不得已的情况下，才会跟对方拼命。

黑熊最爱吃的食物是蜂蜜，小朋友们是不是想起了什么？是的，维尼

熊也是最爱吃蜂蜜的。只要发现野蜂巢，黑熊就会千方百计地把它弄下来。虽然它知道野蜂不好惹，但为了吃到甜甜的蜂蜜，黑熊还是会硬着头皮爬上树，结果头上被蜂群一通乱蜇，尽管毛长皮厚，但还是很疼的，甚至脸都被蜇肿了，但是黑熊绝不会临阵脱逃，直到扯下蜂巢，把蜂蜜掏光为止。从这点上来看，黑熊是很勇敢的。

黑熊的性格比较孤僻，它的嗅觉和听觉很好，但是，视力很差，天生近视，百米之外看东西就是模糊一片，所以，才被称为“黑瞎子”。

体型最大的陆生猛兽是什么

在美国阿拉斯加州安克雷奇西南方的太平洋上，有一个著名的科迪亚克岛。岛上生活着世界上体型最大的陆生猛兽——科迪亚克棕熊。

科迪亚克棕熊的颅骨特别宽大，脸看起来胖嘟嘟的。棕熊肩宽背厚，前肢十分有力，爪子能长到15厘米，爪子抡起来能打断美洲野牛的脊骨，想象一下，如果人类不幸遭遇棕熊，结果是不是很恐怖？

成年的公熊体重超过800千克，后肢站立时，身高超过3米，比北极熊还要高大。棕熊这庞大的体型打架的时候自然有优势，但同时也影响它其他技能的发挥，比如爬树，棕熊的四肢无法和自己非凡的体重相抗衡，所以它无法爬树，而且当地也没有这种能禁得住800千克重量的树。虽然无法上树，但棕熊跑得很快，跑起来甚至比马还快，能连续高速奔跑几千米。很难想象这么“胖”的家伙能有如此快的速度！

科迪亚克棕熊是单独生活的，领地意识非常强烈。为了保护领地和食物资源，它们变得相当好斗，会赶走狼、美洲狮和其他同类。虽然棕熊的外表看起来既威猛又凶狠，而且嘴里长着42颗巨大锋利的牙齿，但实际上它并不经常开荤。平时它会吃很多植物性食物，比如各种根、块茎、草、果实和蘑菇等。

黑猩猩是智慧生命体吗

大家都知道，黑猩猩是动物界中一种非常聪明的动物。它耳朵特别大，向两旁突出，眼窝深凹，眼睛很大，眉脊很高，头顶毛发向后。黑猩猩通过学习能做许多相对复杂的事情，比如擦地、将湿衣服拧干，还能像人类一样使用刀叉和汤匙吃饭。在动物园里，黑猩猩也是最受欢迎的动物之一。

黑猩猩的食量很大，每天有5～6个小时都在找食物吃。它的食物包括以香蕉为主的水果、树叶、根茎、种子和树皮。还有的黑猩猩会吃昆虫、鸟蛋或者捕捉小羚羊和猴子。有趣的是它们会利用不同的方法来获取不同的食物。很多人在电视里见过这样的镜头：黑猩猩折取草叶或细树枝进行加工，伸进白蚁巢穴，待白蚁爬满后抽出，抿进嘴里吃掉。它们还会利用两块石器来敲开果实。

黑猩猩像人类一样有丰富的感情，它们会为亲属的死亡感到悲伤，群体中其他的成员也会慰问死者的兄弟。它们有自我意识，照镜子的时候知道镜子里面那个家伙不是来抢地盘的大猩猩，而是自己。

科学家还成功地教会黑猩猩认识阿拉伯数字，它们已能够将数字从0到9按顺序排列。有的黑猩猩经过语言培训后，能听懂几千个英文单词，并能借助键盘等工具“说话”，显然，黑猩猩是有智慧的生命体。

长颈鹿的脖子为什么那么长

长颈鹿——世界上现存最高的陆生动物。站立时由头至脚6~8米，刚出生的幼仔就有1.5米高；长颈鹿的长脖子和其他哺乳动物一样，椎骨只有7块，但它们的椎骨较长，相互间有粗壮的肌肉紧紧相连。

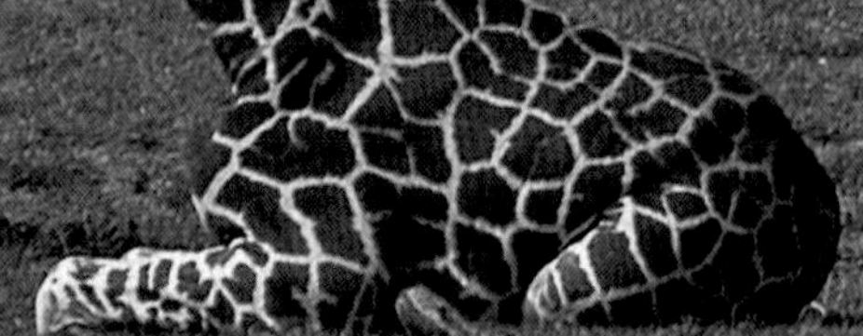

长颈鹿如此的身高就要求它们拥有比普通动物更高的血压，因为只有这样，心脏才能把血液输送到如此“遥远”的大脑。长颈鹿的血压大约是人类中成年人的3倍。

那么长颈鹿如此长的脖子是怎么进化来的呢？

一种说法是长颈鹿最初生活在非洲内地，那里的土壤干枯、贫瘠，地上的草稀少，因此它们不得不靠吃树叶为食。为了能吃到高高的合欢树上的叶子，它们要尽力伸长脖子。经过一代又一代的进化，脖子短的长颈鹿在生存竞争中败下阵来，留下的便是长脖子的长颈鹿了。不过，这种说法也缺乏决定性的证据，只是一种假说。

长颈鹿的脖子还是个冷却塔，能够起到很好的散热作用，这样就可以适应热带森林的环境了。

为什么梅花鹿身上的梅花会变

梅花鹿是一种中型鹿，雌鹿、幼鹿一般不长角，只有雄鹿有角。它的背中央有暗褐色的背线。尾巴很短，背面为黑色，腹面为白色。夏天时毛呈棕黄色，全身布满白色的梅花斑点，所以被称为“梅花鹿”。梅花鹿每胎生一个宝宝，梅花鹿宝宝身上也有白色斑点。

梅花鹿的毛色是随着季节的改变而改变的。春夏之交，它身上的毛白色素特别多，就会形成白色的毛，因为这时候梅花鹿身上的毛比较薄，这些白毛形成的白斑就特别明显。而到秋末换毛的时候，白色的毛开始减少，换上的新毛又长又密，使得“梅花”看起来就不那么明显了。这就是梅花鹿身上的“梅花”会变的秘密。

动物身上的毛如同小朋友身上的衣服一样，是随着季节的变化而更换的。每年秋天，随着天气变凉，动物们就会脱掉颜色较深的毛，换上厚厚的绒毛，就像小朋友穿了厚棉衣一样，再冷的冬天也能挺得过去。而到了春暖花开的时候，它们又会脱掉厚厚的“棉衣”，换上薄薄的毛，这样，即使到了炎热的夏天也不会怕热，这就是动物们的生存智慧。

麋鹿为什么叫“四不像”

麋（mí）鹿俗称“四不像”，因为它的脸细长像马；蹄子像牛，不过没有牛的壮；头上的角似鹿，不过没有鹿的眉杈；尾巴像驴，但没有驴子的大；所以被叫作四不像。自古以来它就被认为是一种灵兽。最为著名的形象是古典小说《封神演义》里姜子牙的坐骑“四不像”。

1865年，法国传教士大卫到北京南郊考察，在当时的皇家狩猎场发现了麋鹿，他对这种动物非常好奇。于是，大卫花了20两银子，买通了守卫皇家猎苑的官员，拿到两套麋鹿的头骨和角的标本。巴黎自然博物馆馆长鉴定后确定这种动物不但是一个新的物种，而且是一个单独的属。为了表彰大卫的发现，麋鹿的外文名字，就叫大卫神父鹿。

马为什么站着睡觉呢

马是大家很熟悉的一种动物，和人类的关系非常紧密。如果注意观察，就会发现马是站着睡觉的。马睡觉不一定是在晚上，更不是一觉睡到大天亮。要是没人打搅，它可以随时随地睡觉，站着、卧着、躺着的时候都能睡觉。马一天能睡八九

次，加起来差不多有6个小时。天亮以前的两个小时，马睡得最香。这是为什么呢？

原来，马站着睡觉是继承了野马的生活习性。野马生活在一望无际的沙漠、草原地区，在远古时期既是人类狩猎的对象，又是豺、狼等肉食动物的美食。马没有角，不像牛羊那样能用角和天敌作斗争，只能靠奔跑来逃避危险。而豺、狼等食肉动物都是在夜里捕食的，野马为了能够迅速、及时地逃避敌害，在夜间也不敢舒舒服服地卧在地上美美地睡上一觉。即使在白天，它们也只好站着打盹，每时每刻都保持高度警惕。家马是由野马驯化而来的，因此，野马站着睡觉的习性也被保留了下来。

藏原羚为什么被称为“镜面羊”

藏原羚几乎是青藏高原随处可见的有蹄类动物，一般是集小群生活，数量不等，比较常见的是数只聚集在一起或者是十数只。在夏季的时候也有单只活动的个体，到了冬季往往会结成数十只甚至上百只的大群一起游荡。不过，现在上百只的大群已经很难见到了。由于垦荒、采矿等人为因素的干扰，以及滥捕滥猎的日趋严重，它们的数量已经急剧下降，分布区域也在迅速缩小。

藏原羚的体毛灰褐色，腹部白色，在阳光的强烈照射下，远远望去，颜色接近沙土黄色，因而有“西藏黄羊”之称，是青藏高原的特有品种，国家二级保护动物。

藏原羚在当地还有一个别名叫“白屁股”，为什么会有这种叫法呢？原来，藏原羚有一块较大的白色臀斑。在奔跑时，它那雪白的屁股在阳光照射下闪闪发光，就像身上悬挂着一面镜子，因此，人们又称它为“镜面羊”。

藏原羚为什么会长了个“白屁股”呢？专家认为，藏原羚的白屁股非常醒目，所以它不是伪装色。因为雌性和雄性藏原羚都有白屁股，所以也不是用来吸引异性的。藏原羚白屁股、黑尾巴的作用，可能是用来在同伴间传递信息的。

“百兽之王”为什么又叫“猪倌儿”

东北虎是世界级的珍稀动物，属肉食目，猫科。头圆、耳短、嘴方阔，四肢粗壮，尾长1米左右。毛色深浅不同，背毛为金黄色或棕黄色，腹毛为白色，周身布满黑色斑纹，额头上的花纹呈“王”字，号称“兽中之王”。体重一般200多千克，最大体重可达300千克。

东北虎的毛色鲜明美丽，爪子长达10厘米，比钢刀还锋利。犬齿长达6厘米，犹如尖刀利剑，是撕碎猎物时不可缺少的“餐刀”。东北虎非常机警，走起路来和猫一样，毫无声息，行走能力很强，一昼夜能走80~90千米，跳跃高度达2米；东北虎会游泳，但是不会爬树。

东北虎居于深山老林中，没有固定

的洞穴，多昼伏夜出，性凶猛。它的主食是各种动物，最喜欢吃野猪。野猪是一种凶猛而善于奔跑的野兽，论赛跑，东北虎不是野猪的对手。东北虎要想捕食野猪，只有偷偷地接近它，然后乘其不备，突然猛扑过去。就这样，常常是野猪还来不及防御便成了东北虎的口中餐。因此，常常出现这样的现象：当东北虎发现野猪之后，在没有绝对把握时，它总是不动声色地跟在野猪群后面，好像一个勤勤恳恳的猪倌儿似的。因此，山里人给它起了个雅号叫“猪倌儿”。

猫咪为什么要将自己的便便掩盖住

猫咪有很好的习惯，那就是便便之后自己会用沙子盖上，这是为什么呢？

猫咪掩盖便便的行为，起初是出于生存的本能，是为了防止敌人从粪便的气味中发现自己的行踪并进行追踪。

现在猫咪盖便便多数是因为它们爱清洁，为了让自己居住的地方干干净净，所以总是用沙子掩盖住尿和粪便，但在自己家里或自己的地盘之外，它们便会故意留下粪便，好让同伴们知道它的行踪。

猫咪的眼睛为什么会变化

猫咪的眼睛在夜晚的时候，会变得又大又亮；而在正午时分，它的瞳孔就会变成一条线；早晨或下午光线不太强的时候，瞳孔又会变大。这是为什么呢？

动物们会通过改变瞳孔的大小来适应不同的光线，猫咪在这方面尤其明显。猫咪瞳孔中的括约肌收缩能力非常强，对光线的反应十分灵敏。因此，它可以随着光线强度的变化，很好地调适瞳孔的大小，从而使自己看得更清楚。

狗伸舌头是为了散热吗

所有哺乳动物，和人类一样，体温在常态下都是恒定的，如果因为某种原因，比如说，天气炎热导致体温升高，就需要通过降温器官将体内多余的热量散发出去，使体温保持恒定，否则就会生病。对于人类来说，汗腺就是帮助散发体内热量的器官。

但与大多数动物不同的是，狗的汗腺不在其身体表面，而是长在舌头上。夏天，天气炎热的时候，为了散发身上多余的热量，狗就会伸出长长的舌头来降温，以保持正常的体温。在跑累了或者跑热了的时候，狗也会伸出舌头来散发多余的热量。

在高热的环境或者是高温闷热的天气，最快20分钟就有可能使狗的身体系统衰竭而死亡，所以在炎热的夏季，小朋友一定要照顾好家中的狗狗，避免它们中暑。

狗的祖先生活在森林中，为了找到食物，它们会围在人类周围。当人类打猎的时候，它们就会配合人类寻找猎物，狩猎结束后，人类会把猎物的一小部分给它，作为奖赏。这样，时间久了，狗和人类的关系就越来越好，成为了人类的朋友。

鳄鱼为什么会流泪

在人们的心目中，鳄鱼就是“恶鱼”。一提到鳄鱼，人们马上就会想到它那丑陋的外貌，一对向外凸起的凶狠的眼睛，一张血盆大口，一排排尖利的锯齿形牙齿，浑身上下披着鳞甲，一副时刻准备将猎物撕

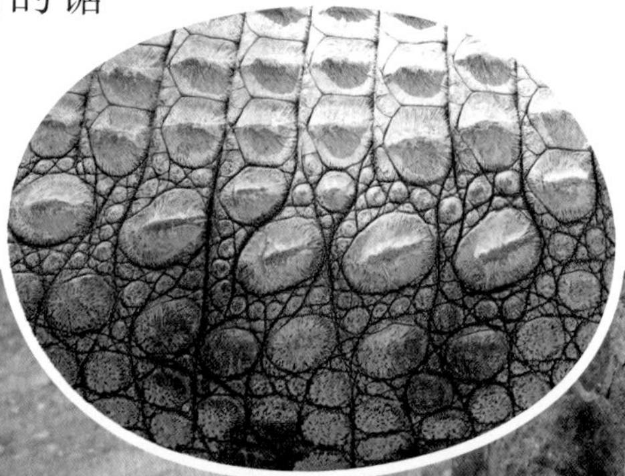

碎吞到肚中的神态。

鳄鱼的视觉、听觉都很敏锐，外貌虽笨拙，但动作十分灵活。它长这副模样就是为了吃肉，再凶猛的动物见了它也只能主动避让，很少有动物去招惹它。

如此凶猛的鳄鱼，却被人发现在其吞食小动物的时候会流眼泪。难道它是因为伤心而流泪吗?

其实，鳄鱼流泪是一种生理现象，是为了将体内多余的盐分排泄出去。鳄鱼要排泄这些盐分，与我们人类是通过肾脏和汗腺来排泄不同，鳄鱼的肾功能不完善，无法排泄，也不会出汗，所以只能通过这种特殊的盐腺来排盐。

鳄鱼的盐腺中间是一根导管，并向四周辐射出几千根细管，这些细管和血管交织在一起，把血液中多余的盐分离析出来，通过中央的导管排出体外。而这个中央导管的开口正好在眼睛附近，所以当这些盐被排泄出来的时候，就好像鳄鱼真的在流泪一样。

老鼠为什么总要咬东西

老鼠是啮齿类动物，种类繁多，生命力极其旺盛、数量众多并且繁殖速度极快，适应能力很强，几乎什么都吃，在什么地方都能住。它能打洞、会上树，能跋山涉水，盗吃粮食，破坏建筑物等，还会传播鼠疫、流行性出血热、钩端螺旋体病等病源，对人类危害极大。

老鼠凭嗅觉就知道哪里有什么东西。它通常夜间出来活动，白天藏起来。老鼠“智商”很高，非常狡猾，怕人，活动的时候鬼鬼祟祟的，出洞时两只前爪在洞边一趴，左瞧右看，确定安全才会出洞。它会在窝—食物—水源之间建立一条固定的路线，以避免危险。一有动静或者变化，立即就会警觉起来，经反复多次熟悉以后才敢向前。

老鼠有一个重要特征，就是生有一对凿状无齿根的门齿。这种门齿内的牙髓不但终生存在，而且终生生长不止，生长速度还特别快，一年能长出十多厘米。为了避免门牙长得太长碍事儿，老鼠就必须经常咬坚硬的物体来磨一磨门牙，让它不至于长得太长，影响吃东西。

刺猬满身的刺有什么作用

刺猬长得很有趣，别名刺团、毛刺等，除肚子外全身长有硬刺，当遇到危险时就会蜷成一团变成刺球。它的性格温顺，有些品种只比手掌略大，因而在澳大利亚有人当宠物来养。

刺猬的鼻子非常长，触觉与嗅觉很发达。它最喜爱的食物是蚂蚁，尤其是白蚁。当它嗅到地下的食物时，会用爪挖开

洞口，然后将长而黏的舌头伸进洞内一转，即可来顿大餐。在野生环境自由生存的刺猬会为公园、花园、小院清除虫蛹、老鼠和蛇，是不用付薪水的好园丁。当然，有时它难免也会偷吃几个果子，这说明它饿极了。

刺猬虽然身单力薄，行动速度也很慢，但是既然生存在这危机重重的自然界，需要有一套保护好自己的本领。刺猬身上长着粗短的棘刺，连短小的尾巴也埋藏在棘刺中。当遇到敌人袭击时，它的头朝腹面弯曲，身体蜷缩成一团，包住头和四肢，浑身竖起钢刺般的棘刺，宛如古战场上的“铁蒺藜”，使袭击者无从下手。

小刺猬一般住在灌木丛内，是变温动物。它们不能稳定地调节自己的体温，使其保持在同一水平，所以，刺猬在秋末开始冬眠，直到第二年春季，气温暖到一定程度才会醒来。而且刺猬睡觉的时候喜欢打呼噜，这点和人很相似，小朋友是不是觉得它很可爱呢?

黄鼠狼——心眼坏吗

黄鼠狼即黄鼬，黄鼠狼是俗名。因为它周身棕黄或橙黄，所以动物学上称它为黄鼬，是小型的食肉动物。在夜里活动，主要以啮齿类动物为食，偶尔也会吃其他小型哺乳动物。与很多鼬科动物一样，它们体内具有臭腺，能排出臭气，在遇到威胁时，可以起到麻痹敌人的作用。

民间有句谚语说“黄鼠狼给鸡拜年——没安好心”，实际上黄鼬很少以鸡为食，它的心眼也没那么坏。

黄鼬是蛇的天敌，即使是毒蛇，它也能一口将其咬死，然后吃掉。

黄鼬最爱捕食鼠类，是老鼠的天敌。据说它演变成现在的身长腿短的体型，就是为了捉老鼠。黄鼬还能挖开鼠洞，将老鼠成窝消灭掉，是灭鼠能手。有如此多的食物可捕，所以它没必要冒着生命危险去偷鸡。

狼为什么喜欢在夜里嚎叫

影视剧里经常有这样的场景：夜晚，阴森的森林里，一轮圆月挂在天上，一只狼伸长脖子仰天长啸。

狼为什么要嚎叫呢？

狼嚎叫有几种意思。狼嚎是狼和同伴之间互相联系的一种方式。狼嚎叫的声调低，但是穿透力很强，能传到很远的地方，而且能持续很长时间。每只狼的嚎叫声都不相同，它们即

使相互之间距离很远，也可以通过嚎叫取得联系，然后聚在一起。当狼和它的族群走散时，嚎叫可以帮助它找到自己的归处。

狼嚎叫还有一个好处，就是可以和邻近的狼群保持一定的距离。当一群狼嚎叫的时候，附近的狼群有时也会回应，这样一来，两个狼群就能知道对方的位置，以免不小心闯入对方的领地，引起不必要的纷争。

狼群的嚎叫一般是一只狼先叫，一两秒钟之后，第二只狼才开始叫，之后又有一两只狼跟着叫，最后所有的狼都开始嚎叫。和人类喜欢和谐的声音相反，狼似乎很讨厌叫出与同伴们相同的声调。

狼群为什么不喜欢“和声”呢？动物学家认为，这或许是它们生存的需要。当狼群以高低不同的音调嚎叫时，不和谐的声音会给邻近的狼群造成一种“声势浩大”的错觉。而实际上，一个狼群中通常只有5~8只狼。而入侵者会因为这一浪高过一浪的嚎叫而疑惑，怀疑自己闯进了一大群狼的地盘，吓得四处逃散。周边的其他猛兽也会被震住，不敢贸然侵犯。

北极熊为什么不怕冷

生活在北极这个冰天雪地的世界里，北极熊为什么不怕冷呢？

因为北极熊除了身上有厚厚的脂肪御寒外，还有一身特殊的“服装”。北极熊身披厚厚的白色长毛，这些长毛在显微镜下看起来就像是一根根空心的管子。这些毛功能十分强大，不仅保温性能良好，而且还能将95%的太阳光转化为热能。

北极熊皮毛的最外面一层是油性毛，不仅能抵挡寒风，而且游泳时还能防止海水渗入。这样，即使在零下十几摄氏度的海水中游泳，皮毛也不会湿透。正是凭借这些优势，北极熊才能够在冰天雪地的环境中生存。

北极熊还有一双特殊的“鞋子”，这使得它在冰上行走不容易摔倒。它的脚底长着厚毛，好像穿了一双有毛的鞋子一样，在冰上行走时就不会轻易摔倒了。

骆驼为什么能好几天不吃不喝

“身上背着两座山，常年行走沙漠间”，小朋友们猜一猜，这是什么动物呢？

对，这就是被称为“沙漠之舟”的骆驼。骆驼有单峰骆驼和双峰骆驼两种，它在沙漠中往返，运载人和货物。

我们都知道，沙漠里很干燥，如果没有水的话，就会很可怕。而骆驼的身体机能非常适应沙漠环境，好几天不喝水还能够维持5~7天的生命。在沙漠里，它们可以靠吃荆棘、干植物还有其他哺乳动物所不能吃的耐盐植物而生存。骆驼在开始流汗前，体温会升高，这样就可以减少排汗量，节约身体中的水

分。它们的排泄物是高度浓缩的尿液和干燥的粪便。靠着贮存在驼峰里的脂肪，骆驼能存活很长时间。

骆驼是半群居动物，可以独处，也可以群居，但它们只喜欢和自己的同伴在一起。如果有不熟悉的动物接近，它们会变得很激动，常常会“踩脚”或者“奔跑”，以此来表示它们的不高兴。但一般来说，骆驼是亲切、耐心和聪明的动物。

浣熊为什么喜欢洗食物

浣熊是一种很可爱的小动物，动画片里常常会出现它的身影。它生活在美洲大陆，是一种珍贵的毛皮兽。它全身的毛由灰、黄、褐等颜色混杂在一起，尾巴上有五六个黑白相间的环纹，脸上有黑色的斑毛，眼睛的周围有一圈黑毛，像戴着太阳镜一样，很时尚。浣熊经常在树上活动，巢也筑在树上。当受到黑熊追赶时，它就会逃到树上躲起来。

浣熊的前后肢都长有5个趾头，能捕捉到水中的虾和螃蟹。奇怪的是，在吃这些小动物之前，它要先把这些动物在水里洗一洗，去除它们身上的泥土。在吃其他食物之前也是这样，这是为什么呢？

有人认为，这是浣熊的一种习性，就像狗有往土里埋食物的习性一样，这些习性是一代一代遗传下来的。也有人认为，是浣熊十分喜欢清洁才这样做的。

谁是最香的动物

有一种叫麝（shè）的动物，特别香。麝分泌出的麝香是高级的香料，也是一种名贵的药材。

麝又被称为香獐子，外形看上去很像鹿，但是比鹿要小，头上没有角。麝身上有胆囊，而鹿科其他动物都没有。雄麝更是长着獠牙，终生生长的獠牙是争斗的重要武器，在同种类的动物中显得与众不同。

在雄麝的肚脐和生殖器之间，长着一个奇妙的腺囊，从中可以分泌出一种具有强烈香味的液体。这种液体特别香，而且在很长时间内香味都不会散去，即便在几千米远的地方都能闻到。这就是我们平时所说的麝香。

分泌麝香也是麝的一种求偶方法。麝平时是分居的，到初冬时，雄麝分泌的麝香就会增加，雌麝闻到香味以后，就会找到雄麝而后相亲相爱。

谁是短跑冠军

在“人才”辈出的动物王国中，能疾跑如飞的数不胜数，但能称得上短跑冠军的恐怕只有非洲猎豹了。

非洲猎豹目光敏锐，四肢矫健，动作迅捷。一身黄色皮毛上布满了星星点点的黑色斑点，看上去苗条优雅，风度翩翩，像高贵的王子一样。

当然，非洲猎豹也有弱点，因个头不大，爪子也不够锋利，所以很少去捕捉超过自己体重的大型

动物；非洲猎豹的腿细长而直，遇上小土丘之类的障碍时不能很快地转弯，因此被追击的猎物常以锯齿形的路线奔逃，或者在草丛间的小山丘地带做不规则蹦跳，使猎豹扑空。

非洲猎豹在捕捉动物时，常采取迂回包抄的战术，从后面和侧面发动进攻，或埋伏在灌木丛中，等待时机。一旦猎物走到距它50米远的地方，它便会突然蹿起，如一支利箭一般直冲过去，没等猎物反应过来，已将其扑倒。据观察计算，猎豹从静止状态到速度70千米每小时，只需要2秒钟的时间，最高速度可达110千米每小时，相当于汽车在高速公路上奔驰的速度。

蝙蝠为什么倒挂着睡觉

蝙蝠是哺乳动物，并且是唯一会飞行的哺乳动物。它们在洞里居住，晚上会飞到洞外捉昆虫吃，白天则在洞中睡大觉。每到冬天，蝙蝠还要冬眠。

蝙蝠的睡姿很奇特。它总是后脚爪钩住屋檐，身体倒挂，头朝下面睡觉。蝙蝠这种睡姿会不会掉下来呢?

蝙蝠有着独特的身体结构，前肢已进化为翅膀，后腿十分短小，且和宽大的翼膜相连，既不能走路，也无法站立。这样，当它落到地面上的时候，只能将身体和翼膜都贴近地面，借助翼膜的力量爬行。但这种爬行方式很不灵活，遇到危险不方便逃脱。而如果爬到高处倒挂起来，一旦遇到侵袭，蝙蝠便只需把爪子松开，身体下沉，利用下落的惯性就可以轻松地起飞逃走了。另外，倒挂的睡姿使蝙蝠的身体不触碰到周围的物体，如果遇到危险，它们可以更迅速地飞离。

袋鼠妈妈的大口袋是做什么用的

袋鼠产自澳大利亚。它有着强健有力的后肢，用于行走或奔跑。前肢由于平时不着地而变得又细又短。袋鼠是跳跃式前进的，它的尾巴则可在跳跃时保持平衡。

所有雌性袋鼠都长有前

开的大口袋，叫作育儿袋。育儿袋里有4个乳头。袋鼠妈妈怀孕四五个星期就能生下一个不到2厘米的小袋鼠，光秃秃的没有毛，不能动，看不见东西，只是靠前肢和灵敏的嗅觉，沿着妈妈给它舐出的道路爬进育儿袋，叼着袋里的乳头发育成长。

200天后，小袋鼠就可以外出活动了，但是一有危险它就会立即钻入袋中，由妈妈带着逃走。当小袋鼠长到能独立生活的时候，妈妈便不让它再进袋里去了。

“蛇吞象”是不是真的

“蛇吞象”是讽刺那些贪心而不自量力的人。那蛇真的能把大象吞进去吗？

当然是不能的。但是蛇却能吞下比自己的头大许多的动物。在我国的海南岛，有蟒蛇能吞食整头的小羊和小牛，非常厉害。蛇嘴怎么会张得那么大？

原来，蛇的嘴巴和其他的动物不一样。人类的嘴的夹角能张大到30度，而蛇的嘴巴的夹角能张到130度，这和它的头部与开合相关的骨骼有关系。

蛇的头部连着下巴的几块骨头是可以活动的，这样它的下巴就可以向下张得很大。它嘴巴两边的骨头能连接成活动的榫（sǔn）头，可以向两侧张得很大很大。这样一来，它就能吞掉比自己嘴巴还要大很多的食物了。

壁虎是传说中的“武林高手”吗

作为一个夜行动物，壁虎和古代的武林高手很相似。它们在月黑风高的夜晚行动，在光滑如镜的墙壁或天花板上爬得极快，捉小飞虫的动作无比敏捷，这不正是大侠们飞檐走壁的“绝招”吗?

为什么壁虎能在墙上爬行而不掉下来呢?

原来，壁虎的脚上长着一种“吸盘”样的小东西，吸盘上长着许多像头发一样细小的小钩。壁虎在爬行时，脚一碰到墙壁，吸盘就会发挥其功能，牢牢地吸住墙面，所以壁虎在爬行时又快又稳，而且悄无声息。

鳄龟为什么被称为“淡水动物的王者”

鳄龟，是现存最古老的爬行动物，也是世界上最大的淡水龟，有“淡水动物的王者”之称。鳄龟分大鳄和小鳄，因体型大且攻击性强，除了短吻鳄外较少有天敌。

鳄龟保持了原始龟的特征。它的嘴巴、背甲盾片和红舌都非常奇特，头和颈上有许多肉突，厚厚的龟壳背上有3条凸起的纵走棱脊，13块盾片就像13座小山一样连绵起伏，背甲的边缘有许多锯齿状的突起，看起来像是穿上装甲的恐龙。

鳄龟的眼睛周围有散开的黄色斑纹，眼睛小而有神，还有星星状的肉质“睫毛”。大鳄的舌上长有一个鲜红色且分叉的肉突，通过中间的圆形肌肉与舌头相连。它会安静地趴在水中不动，张开嘴耐心等待猎物。它的舌头会模仿蠕虫的动作，吸引猎物游到它的口中。当猎物进到口中时，大鳄就会迅速地把口合上，完成埋伏。

蚯蚓为什么能一分为二

蚯蚓，也叫地龙，喜欢在潮湿的、软软的土壤中钻行。注意观察的小朋友会发现，每次下雨后，就会有许多蚯蚓钻到地面上，爬来爬去。

蚯蚓没有腿脚，身体是由两条两头尖的管子套在一起的。外面的一层是一环一环连起来的体壁，体内有一条消化道。在内外两层管之间，充满了体腔液，在每一膈膜的腹面都有一个小孔，成为体腔液在体内穿行的通道。

蚯蚓的身体被切成两段后，是不会死的，几天后，它就会神奇地变成两条完整的蚯蚓。这是一种超强的再生能力。

蚯蚓的再生能力是怎么回事呢？

蚯蚓被截为两段之后，断面上的肌肉组织会加强收缩，一部分肌肉组织迅速溶解，形成了新的细胞团。这时，血液中含的白细胞会聚集在断面上，形成特殊的栓塞，使伤口很快闭合。

同时，蚯蚓体内的消化道、血管、神经系统等组织细胞，经过多次分裂，快速生长起来，这样，断面上就会长出另一个头来，另一个断面上也会再长出一条尾巴来。于是，一条蚯蚓就变成两条完整的蚯蚓了。

斑马是用条纹保护自己的吗

斑马是非洲稀疏大草原上的旗舰物种，它留给人们的第一印象就是身上那独特的条纹。但你知道斑马身上那醒目的条纹的确切用途吗？

每匹斑马的黑白条纹都有细微的差别，有的稀疏，有的密集，有的线条窄，有的线条宽，就好像它们各自天然的条形码一样。关于这些条纹，科学家给出了不同的说法。

常见的说法是斑马进化出条纹，是为了迷惑捕食者，让斑马在关键时刻可以逃走。斑马的条纹样式产生了一种视觉假象，可以迷惑肉食动物。这种迷惑效果在这些动物成群运动的时候特别强大。

斑马正是利用了其身上的斑纹所产生的视觉幻象来保护自己。斑马侧面的粗斜纹以及它背上及脖子附近的窄竖纹能给予“敌人”意想不到的图像移动信号，尤其在斑马成群结队时，效果更为显著。这样的错觉能够造成“敌人”对斑马的移动判断失误，使掠食者错失发起攻击的良机。

树懒究竟懒到什么程度

树懒看起来胖胖的，生活在热带森林中，终生都在树上待着，每天几乎所有的时间都把自己挂在树上，一动也不动，甚至吃饭、睡觉、生孩子都在树上，死后也挂在树上，以“懒”闻名于世。除非为了排泄，它们偶尔才会下来，即使这样，一个月也只有那么一两次。

树懒虽然腿脚健全，但有脚却不能走路，只能爬行，爬起来比乌龟还要慢。就算碰到敌人，它也会不紧不慢地向前爬，每秒速度不超过0.2米。不过，它的前肢还是很发达的，很有力量，爪子也很锋利，从这点上来说，有一定的自我保护能力。

树懒的皮毛是褐色的，不过它太懒了，总是不动，所以藻类地衣之类的“种子”被风吹到它身上后，就能在它那富有营养的毛皮上生长起来，最后使其全身都变成绿色。树懒是唯一身上长有植物的野生动物。

树懒还有个小秘密，虽然它如此懒，在地上爬起来超级慢，但是在水里可是个游泳健将。

变色龙为什么会变颜色

变色龙，一种特别的爬行动物，在动物界中自我保护的能力是“专家”级别的。

在漫长的进化过程中，为了避免敌人的骚扰，同时也为了自己捕捉猎物方便，变色龙逐渐练就了一身强大的伪装本领：它能使自身的颜色与周围的环境融为一体，随周围环境的变化而改变。在树林中，它能把自己的体色变得跟树叶的颜色一模一样，谁都会以为就是一片叶子。

变色龙一天内可以变换6种颜色。它的表皮上贮存着黄、绿、黑、蓝等色素细胞。如果周围的光线和温度等因素发生了变化，它身上的颜色就会通过色素细胞的扩展或收缩而变化。

科学家根据变色龙的变色原理制作出一种军装，军人穿上它，在隐蔽时就不用伪装了，非常便利。

萤火虫为什么会发光

夏天的夜晚，萤火虫一闪一闪地飞来飞去，尾部的小灯，将夜空装点得分外美丽，如梦如幻。这美丽的小生命为什么会发光呢？

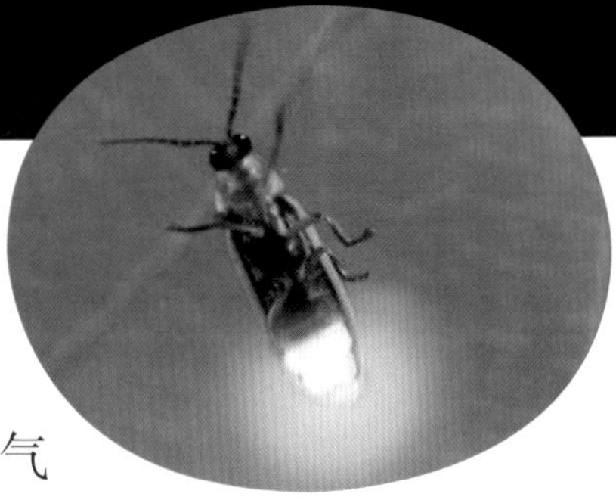

萤火虫的腹部有很多发光器官，这些发光器官由一小簇特殊的大细胞组成，周围分布着许多细小的神经和气管。这些细胞中含有一种神奇的物质，叫萤光素。萤火虫呼吸时，氧气从小气管进入细胞内，和萤光素结合，在萤光酶的作用下发生化学反应，从而发出光来。如果气管供氧充足的话，氧化速度就快，发出的光就亮；如果供氧不足，光就弱。

随着萤火虫的呼吸，氧气摄入量时多时少，发出的光也就时强时弱，一闪一闪的。

蜣螂为什么好滚粪球

蜣螂，俗称屎壳郎。夏秋季节的时候，背着乌黑铿亮的壳的蜣螂，不辞辛劳地滚动着一块块灰黑色的粪球。它们为什么要这么费力地滚粪球呢？

其实，这是一种传宗接代的本能，滚粪球是为了给它们的后代贮存食物。它们通常是“夫妻”合力，用头部前面长着的那一排像猪八戒用的“钉耙”似的很宽的角将潮湿的粪便先堆积在一起，然后用前足拍打做成粪球，最后，一个在前拉，一个在后推，使粪球朝前滚。

滚到事先定好的地点，蜣螂便用角和足将粪球下面的土挖松，让粪球下沉，再将松土从四周翻上来，让粪球继续下沉，直到粪球下沉到六七十厘米深的时候，雌蜣螂就在粪球上挖个孔，把卵产在里面，然后，夫妇二人再将土逐层压紧，直至与地面平齐。

一段时间后，孵出的幼虫就以粪球为食物。等到它们长大后，就钻出粪球，开始新生活。

这就是蜣螂滚粪球的原因，滚粪球不但可以帮助蜣螂繁衍后代，而且能防止环境污染。因此，人们称赞它为大地的“清道夫”！

蜂巢用了什么数学知识

蜂巢可是蜂们精心修建的，里面包含着高级的数学知识，因此，人们称它们为“天才数学家”。让我们来看看蜂巢的构造究竟有多么精致吧！

从外形看，蜂巢是由无数个大小相同的房孔组成的，房孔都是正六角形，每个房孔都被其他的房孔包围，两个房孔之间只隔着一堵蜡质的墙。

为什么是六角形呢？

因为制作容器的时候，六角形是最节省材料和空间的。和圆形、八角形比，六角形拼在一起没有缝隙。三角形和四角形虽然也没有缝隙，但是六角形的面积是最大的。

蜂用最少的材料建出了面积最大的巢。蜂巢的倾斜角度很小，刚好不会让蜂蜜流出来。令人称奇的是，世界上所有蜜蜂的蜂巢都是按照这个统一的角度和模式建造的。

这种蜂巢结构强度很高，重量又轻，隔音和隔热的效果都很好。因此，现在的航天飞机、人造卫星、宇宙飞船在内部都大量采用蜂巢结构，卫星的外壳也几乎是蜂巢结构的，非常节省材料。

蜻蜓为什么要“点水”

蜻蜓是我们很熟悉的一种昆虫，是人类的好朋友，一只蜻蜓一生中能吃掉很多蚊子。夏季雨后，它们会成群结队地飞舞，捕捉小虫。我们经常能看到蜻蜓在平静如镜的湖面上翩翩飞舞，并不时地将细长的尾巴弯成弓状伸进水草丛中，湖面便会出现一圈一圈细小的波纹。蜻蜓为什么爱点水呢？

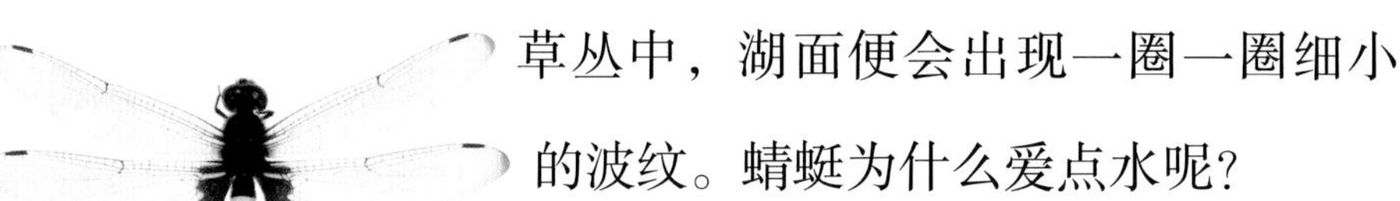

蜻蜓的卵是在水中孵化的，蜻蜓点水实际上是在产卵。蜻蜓幼年时期在水里要生活一两年的时间。幼虫有三对足，没有翅膀。长大后，幼虫爬出水面，蜕皮后就变成了蜻蜓。

到了繁殖期的时候，蜻蜓就会一前一后地飞着，那是它们在交配呢。交配中的雌蜻蜓用足抱住雄蜻蜓的腹部，将身体弯曲，用腹部的生殖器官接收精子，交配后它们便一前一后飞到水边去“点水”，也就是在水中产卵。

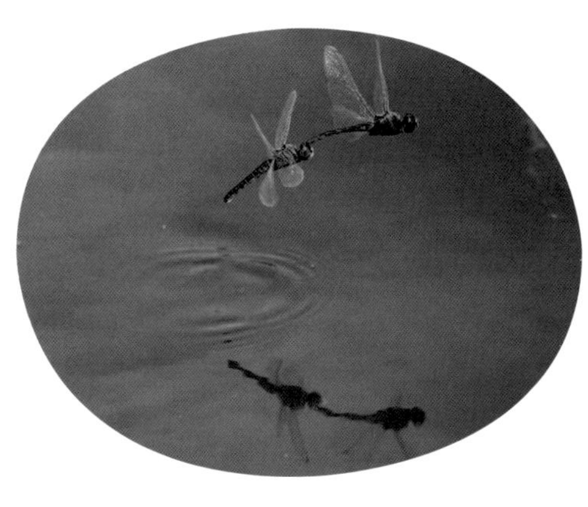

枯叶蝶是不是很丑

枯叶蝶是世界著名的拟态种类（某些动物的形态、色泽或斑纹等极似他物，借以蒙蔽敌害，保护自身的现象）。它停在树枝上时，两翅收起竖立，显示出翅的褐黄色腹面。翅中部有一暗黄色宽斜带，两侧分布有白点。翅的反面呈枯叶色，有一条深褐色的横线，加上几条斜线，酷似叶脉。翅里有深浅不一的灰褐色斑，很像叶片上的病斑。人们很难将它和将要凋谢的阔叶树枯叶区别开来。

那么，枯叶蝶是不是像枯叶一样难看呢？

也不是。枯叶蝶飞舞时，露出翅膀的背面，如同其他的蝴蝶一样华丽，大部分是绒缎般的黑蓝色，闪亮出光泽，点缀有几点白色小斑；横在前翅的中部，有一条金黄色的曲边宽斜带纹线，前后翅的外缘，镶有深褐色的波状花边，很漂亮。

蜜蜂蜇了人为什么会死掉

小蜜蜂其实是不会主动蜇人的，只有被人驱赶或扑打的时候，出于自我保护的本能才会蜇人。毕竟蜇了人之后，它自己的命也没有了。

蜜蜂蜇人的刺针是由一根背刺针和两根腹刺针组成的，其末端同体内的大、小毒腺和内脏器官相连。腹刺针尖端有几个呈倒齿状的倒钩。当蜜蜂的毒针刺入人体的皮肤之后，刺针的倒钩就挂住了人的皮肤，拔不出来了， 但蜜蜂又必须飞走，飞走时一用力，就会把内脏拉坏甚至拉脱掉，所以蜜蜂蜇人后就会死掉。

蚂蚁真的是大力士吗

在路旁，如果仔细观察的话，会看到许多小小的蚂蚁在搬东西。别看蚂蚁个子小，它可是动物界有名的大力士呢！它所举起的重量，超过了自身体重差不多100倍。世界上还没有人能够举起超过他本身体重3倍的重量，从这种意义上说，蚂蚁真的是大力士。

那么，蚂蚁为什么能举起比自己体重重好多倍的东西呢？

当蚂蚁走动时，腿部的肌肉会产生一种酸性物质。这种酸性物质会刺激化学物质急剧变化，使肌肉开始收缩，产生巨大的力量，这样就可以轻松搬起重物了。

飞蛾为什么要扑火

提起飞蛾，人们就会想到“飞蛾扑火”这个成语。扑火就等于死亡，飞蛾为什么要那么傻地去扑火呢？

原来飞蛾等昆虫在夜间飞行的时候，是靠月光来辨别方向的。研究发现，月光总是从一个方向投射到飞蛾的眼睛里。飞蛾在逃脱天敌的追赶或是绕过障碍物转弯后，只要再转一个弯，月光就会从原来的方向射过来，它也就知道自己前进的方向了。

在漆黑的房间内，那一盏灯在飞蛾的眼中，就是月亮。所以它会用这个假月亮来辨别方向，然后飞行。月亮和地球的距离十分遥远，飞蛾只要保持同月亮有一个固定的角度，就能使自己向一定的方向飞行。但是飞蛾和灯光的距离却很近，它的本能仍然让它与灯光保持固定的角度，就变成了一直围着灯光打转，直到死去。

这就是飞蛾扑火的真相了。

蝴蝶翅膀上的花纹有什么用

小朋友们有没有捉过蝴蝶呢？手指碰到蝴蝶的翅膀时，会沾上一层像粉末一样的东西，而蝴蝶翅膀被碰到的地方，就失去了那美丽的花纹。这是怎么回事呢？

实际上，蝴蝶翅膀上有很多细小的鳞片，像屋顶的瓦片一样有规律地重叠排列起来。这些鳞片有防水的功能。鳞片脱落后，用肉眼看到的就是有颜色的尘粒，被称为鳞粉。这就是我们所说的“粉末”了。粉末可是对付蜘蛛网的有力武器。当蝴蝶一不小心撞到蜘蛛网上的时候，蝴蝶翅膀上的粉末就会大量脱落，将蛛丝上的黏液裹住，蝴蝶就可以逃脱了。

蝴蝶翅膀的颜色和花纹有一些是由鳞片中所含的色素形成的，不同的颜色和花纹可以达到威吓、警戒或隐蔽的效果。比如，有些蝴蝶的花纹和颜色与它栖息地的环境相似，这就能起到隐蔽自己，保护自身安全的效果。有些蝴蝶翅膀上圆形的花纹像两只大眼睛，有的则有非常艳丽的颜色和醒日的条纹，可以吓唬捕食者，起到威吓、警戒的效果。

苍蝇为什么不会从天花板上掉下来

苍蝇可是一种相当常见的小动物，也是人类非常讨厌的一种昆虫。夏天，我们常能看到苍蝇在天花板上爬来爬去或者静止不动。小朋友们想过没有，它们为什么不会掉下来呢?

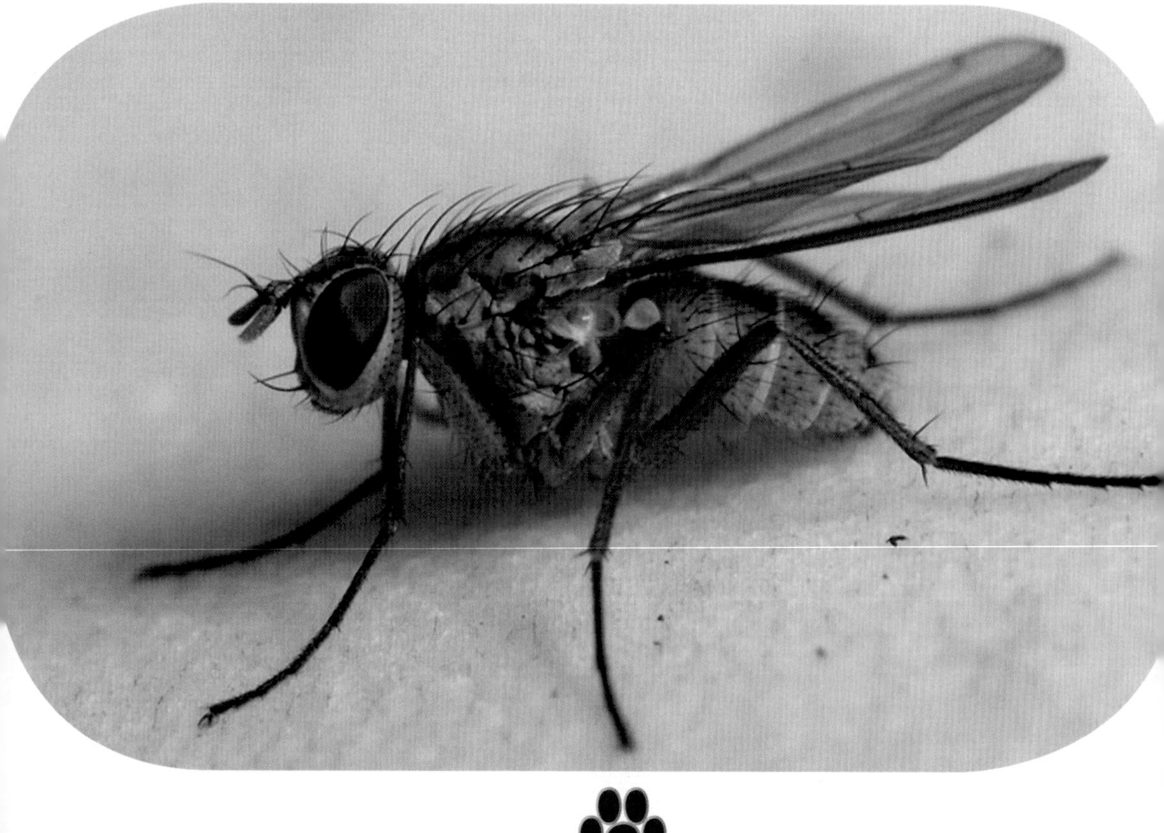

原因可不是因为它们会飞。

研究人员观察发现，苍蝇和其他昆虫一样也有6条细长的腿，只不过每条腿的末端长有两个尖且硬的脚爪。脚爪的基部有生着茸毛的爪垫盘。爪垫盘是袋状结构，里面充血。当苍蝇停在光滑的天花板上的时候，爪垫盘和天花板的平面之间就产生了真空，苍蝇便会牢牢地吸附在天花板上，不会掉下来。此外，苍蝇的爪垫盘上还会分泌一种黏液，这样就更能牢固地吸在天花板上了。

上面说的是静止不动时的情况，那么，在爬行的时候，苍蝇为什么也不会掉下来呢?

原来当苍蝇倒立着爬行的时候，每次只移动3条腿。另外的3条腿会将身体固定在天花板上，这样交替移动。

蚊子喜欢叮咬什么样的人

夏天到了，讨厌的蚊子又来了。无论白天黑夜，一不小心，可恶的蚊子就会吸我们的血，之后还会起个大包，奇痒难耐。当然，并不是所有的蚊子都吸血，只有雌蚊子才吸血。雄蚊子只喜欢吸食花蜜和草汁，很少飞到人类的房屋中。

蚊子有细长的身体，细长的足，一对由许多小眼睛组成的大眼睛占据了头部的大部分。用来叮人的口器长得像尖细的针，能够刺穿我们的皮肤来吸血。

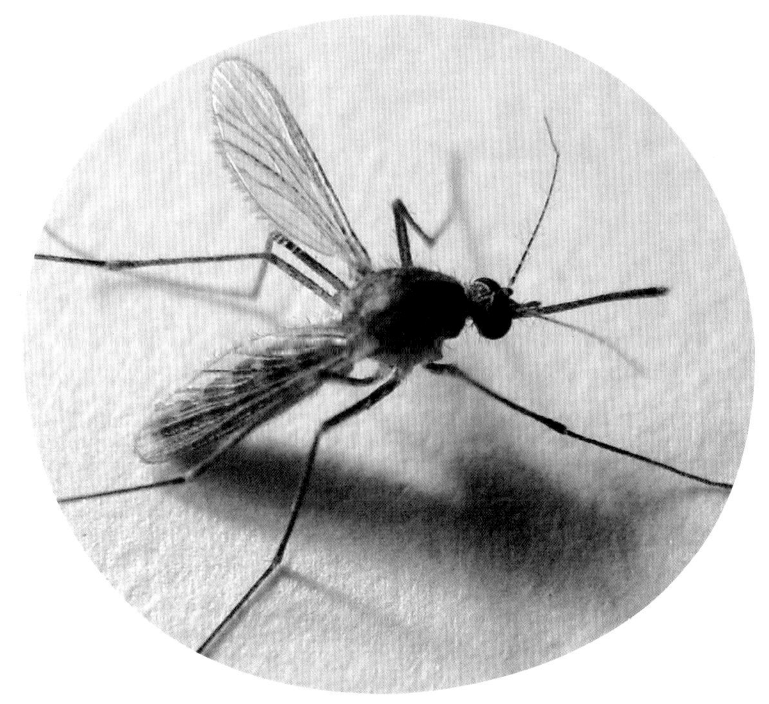

雌蚊子为什么要吸血呢?

雌蚊子主要吸食哺乳动物和人类的血，以此提供给卵巢养分，如果不吸血，它就无法产卵。它吸血的时候，先将未消化的陈血吐出来，然后再吸进新鲜血液。吸血时，它会分泌出一种唾液，随口器注入人体的皮肤中，让人觉得痒。

蚊子喜欢吸食体温高、爱出汗的人的血，因为这类人身上分泌的气味含有多种氨基酸、乳酸和胺类化合物，蚊子更喜欢。

螳螂妈妈为什么要吃掉自己的“丈夫”

在昆虫王国中，螳螂可是一霸，它是凶猛的中、大型昆虫。螳螂和恐龙曾生活在一个时代，但是恐龙早已消失，螳螂却顽强地活了下来，可见其适应能力之强，其中重要的一点是繁殖后代的时候，螳螂爸爸有“舍身喂妻”的牺牲精神。

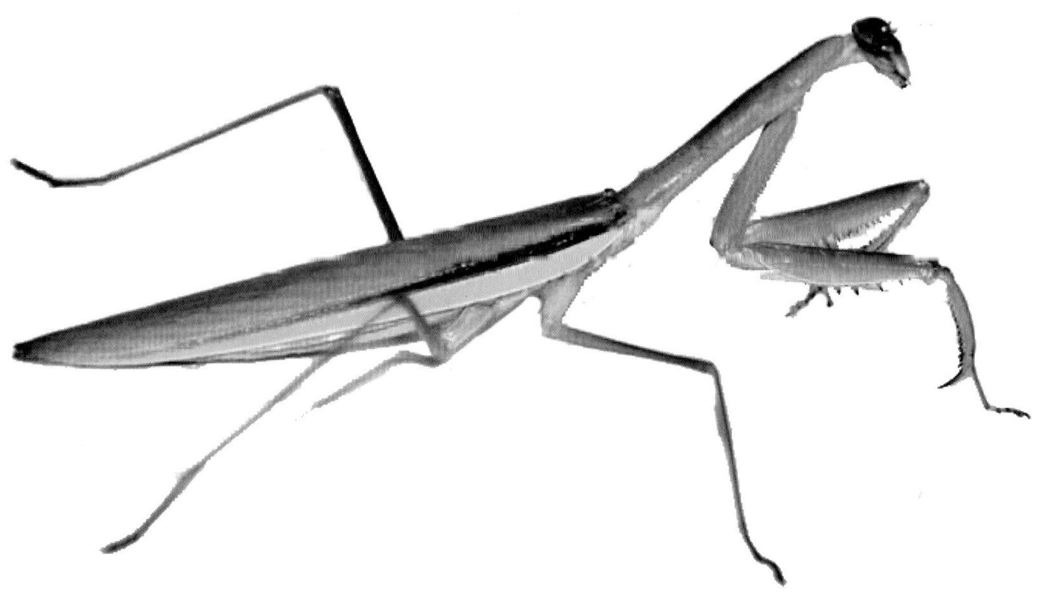

秋天是螳螂繁殖的季节，当两只螳螂交尾后，雌螳螂会用自己强大的前足将“丈夫”的头钳住，然后吃掉。雄螳螂就这样为了自己的下一代而牺牲了自己。

这是因为平时螳螂妈妈吃的小虫无法满足自身对营养的需要，为了能产出健康的下一代，至少要吃掉四五只雄螳螂才行。螳螂妈妈产下卵后，自己也会因耗尽体力而死亡。为了下一代，螳螂父母就是这样悲壮地献出自己的生命。

海里有没有美人鱼

美人鱼的童话小朋友们都知道，就是漂亮的小美人鱼爱上了一位王子，最后却化为泡沫的故事。那么，海里真的有美人鱼吗？

其实，大家所说的美人鱼就是儒艮（rú gèn）。

儒艮主要生活在热带和亚热带的水域中，大多时候在离海岸比较近的海草丛中活动，很少游向外海。它长得像一只大纺锤，身长3米多，身子大头却很小，尾巴像月牙儿。眼睛和这体形相比，更是小得离谱，鼻孔长在头顶上，耳朵没有边沿，厚厚的嘴唇，两颗大獠牙，样子实在是无法和童话中的美人鱼公主相比。

说它像美人鱼，是因为它和人类的生活习性有相近之处。儒艮的前肢，即演化成胸鳍（qí）的部分，旁边长着一对较为丰满的乳房，有如拳头大小，位置和人类相似。它在海面上出现，露出上半身时，确实有点女人的模样。在喂奶的时候，它会用胸鳍抱着小儒艮，小儒艮便吸吮妈妈的乳汁，健康长大。

鱼有耳朵吗

鱼从外表看，好像没有耳朵。在很长一段时间里，人们认为鱼什么都听不见。但事实上，鱼是有耳朵的，只是人们没注意到，而且多数鱼听力很好。鱼不像人类那样长着耳廓，就是俗称的耳朵，因此，从外表上看是看不到它们的耳朵的。

人类的耳朵里有鼓膜，声音经过外耳道使鼓膜振动，振波传到内耳的听觉部分，人就能听见声音了。但是鱼是没有耳廓、外耳道和鼓膜的。大多数鱼的耳朵都不与外界相通，而是被保护在两眼后面的头骨里。

鱼的耳朵是由鳔（biào）、内耳和听小骨组成的，听觉很灵敏。

声音在水中传播要比在空气中传播容易得多。鱼的体内有大量的水，声音能够直接穿过鱼的身体，到达耳朵。

许多种类的鱼能用其他方式收集声音。它们的耳朵与鳔相连，水中的声音使鳔壁振动，就像声音穿过空气使鼓膜振动一样。然后振动沿着与鳔相连的一串小骨头传到耳朵里。

声音对于鱼来说是很重要的。许多鱼能彼此发出有力的叫声，几千米外都听得见。有些鱼通过磨牙发声，有些鱼在身上摩擦鳍发声，但多数鱼是用鳔发声、辨声的。

飞鱼为什么要“飞”

在大海中，有这样一种动物，它们在蔚蓝的大海中嬉戏游动，突然迅速地振动尾鳍，跃出水面，张开翅膀一样的胸鳍，在水面上飞行。这就是飞鱼。

为什么擅长游泳的鱼并不安分，却要“飞”呢？

生物学家的说法是，飞鱼的飞行，是为了躲避箭鱼等大型鱼类的追逐，也可能是因船只靠近受到惊吓而飞。海洋大家庭中的各种生物也不都是和和睦睦的，像飞鱼这种小型鱼类，总是会受到鲨鱼、金枪鱼、箭鱼等的捕食。在这残酷的生存竞争中，飞鱼就进化出了一种巧妙的逃避敌人的技能——飞行。这样可以暂时离开危险的水域。

飞鱼平时并不总是跃出水面，只有受到威胁，或受到船的发动机声的刺激的时候，才会飞起来。但有时候，它也会因为兴奋或其他不明原因跃飞出水面。

世界上最不怕冷的是什么鱼

鱼是变温动物，体温是随着周围环境温度的变化而变化的。夏天时，水温高，鱼的体温也会升高；冬天时，鱼的体温会随着水温的下降而下降。但是，也不是说冰冻三尺了鱼也不会被冻死。一般的鱼类在零下一摄氏度时就会被冻成“冰棍”。平时我们看到结冰的河水下面游动着鱼，那是因为河水只是表面结了冰，水下的温度是在零摄氏度以上，所以鱼不会被冻死。

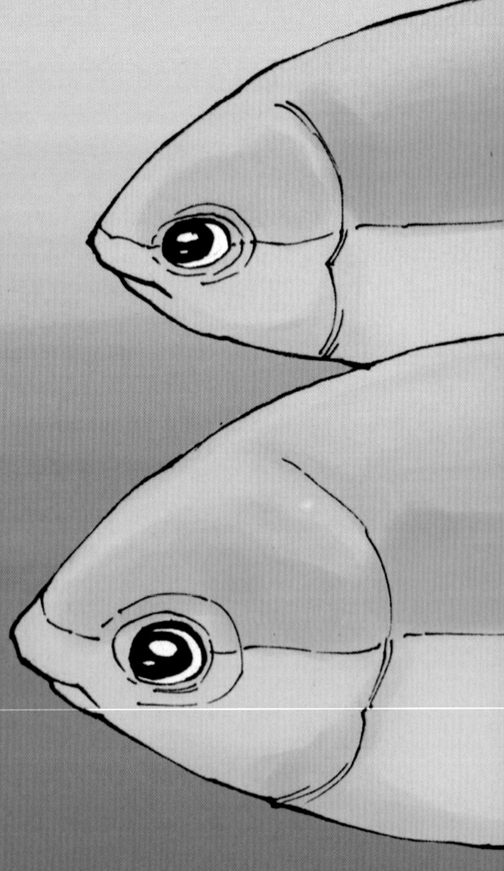

那么，有没有更耐冷的鱼呢？

世界上最不怕冷的鱼就是南极鳕鱼了。在南极冰天雪地的冰水中，它能够冻而不僵。这种鱼体形短粗，头大嘴圆，血是灰白色的，没有血红蛋白。但是它的血液中有一种特殊的物质，叫抗冻蛋白，功效和汽车用的防冻剂较相似。就是这种抗冻蛋白能让鳕鱼在极地生存。

河狸为什么要啃树

胖胖的河狸可是有自己的独门绝技。它跟老鼠一样是啮齿类动物，门齿特别锋利，咬断一棵直径40厘米的树只需要两小时。那么，河狸为什么要啃树呢？

河狸啃树不是为了吃，是为建造水坝而准备材料。它先用尖锐的牙齿把树木咬断，再借助水流把树木运输到要建造堤坝的地方，然后把树木插在水面下的泥土里当木桩。

最后，河狸用树枝、泥巴及石块等堆成水坝，把河水堵住，从而形成一个小人工湖，河狸就在这个小湖上建造自己的窝。河狸的小窝非常精致，房屋外面用黏土混合上细小的树枝搭成，墙壁很厚实；里面是一个高出水面的房间，房间里铺着干草，很舒适，用来睡觉和休息，相当于人类的卧室；房间里有两个出口，一个通到地面，另一个通到水下，非常安全。

冬天来临之前，河狸会非常忙碌。它要把喜欢吃的树皮啊，树叶啊等都储备起来，冬天就在洞里歇着，享受美味的食物。

市场上为什么没有活带鱼

在菜市场上，可以看到活蹦乱跳的鲤鱼、草鱼等，但是却从来看不到活的带鱼。这是为什么呢?

这是因为带鱼生活在海水中，而鲤鱼是生活在淡水中的，它们的生活环境有很大差别。

海水的含盐量高，密度比淡水要大得多。生活在海底的鱼类，承受的压力也比淡水鱼大得多。带鱼生活在很深的海底，一直承受海水的巨大压力，它的身体结构已经适应这种环境。但是，当带鱼被捕获后，离开了大海，暴露在空气中，压力突然下降，鳔（biào）内的空气会因外界压力减少而膨胀，鱼鳔濒于爆裂。而且，压力的减小还会使带鱼体内的微细血管破裂，眼睛也会突出到眼眶外面，然后很快便死去了。所以，我们平时是看不到活着的带鱼的。

金鱼为什么不闭上眼睛睡觉

很多人都喜欢养金鱼，金鱼那鼓鼓的大眼睛看起来很漂亮。小朋友们有没有发现，金鱼的眼睛从没闭上过，即使死金鱼，也是睁着眼睛的。它不闭眼睛，怎么睡觉呢？难道金鱼和人类不一样，它不需要睡觉吗？

其实不是，动物和人类是一样的，都需要睡觉休息，金鱼也是如此。我们仔细观察金鱼的话就会发现，金鱼是没有眼睑的，就是我们经常说的眼皮，所以，它没法闭眼睛。不光是金鱼，所有的鱼类都是没有眼睑的。

金鱼的睡觉方法也是各式各样的，晚上如果你发现它躲到鱼缸里小假山的暗处，一动也不动，就说明它睡着了。

海豚为什么被称为"海上救生员"

关于海豚，有许多故事，比如：救助同伴，救助落水的人，帮助渔民捕鱼等。世界各地都有过类似的报道。

海豚是用肺呼吸的哺乳动物。它们在游泳时可以潜入水中，但是每隔一段时间就得把头露出水面进行呼吸，不然会因为窒息而死掉。因此，对刚出生的小海豚来说，最重要的事就是尽快到达水面，如果遇到意外，海豚妈妈就会用喙轻轻地把小海豚托起来，或用牙齿叼住小海豚的胸鳍使其露出水面，一直到小海豚能够呼吸为止。

这种照料行为是海豚和所有鲸类的一种本能。这种本能对于保护同类、延续种族是非常必要的。由于这种行为不分对象，所以海豚遇上溺水者的时候，也会产生同样的推逐反应，从而使人得救。

当然，也有不同的看法。有的科学家认为，把海豚的援救行为归结为动物的一种本能，是将事情简单化了，是对动物智慧的低估。海豚和人类一样也有学习能力，而且，比黑猩猩还要厉害，是一种高智商的动物，具有思维能力，它的救人行为完全是一种自觉的行为。因为在大多数情况下，海豚都是将人推向岸边，而不是推向大海深处。

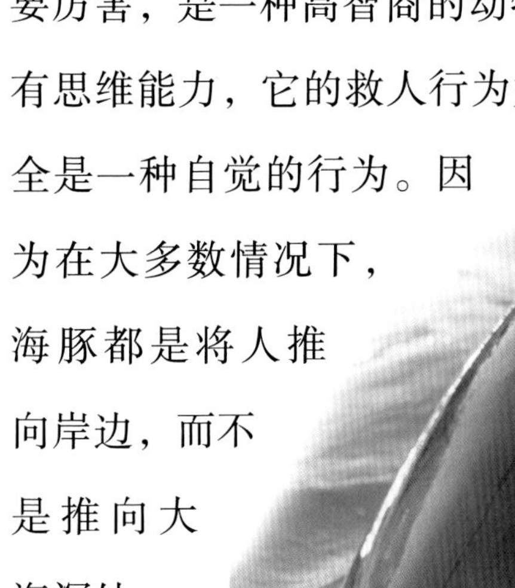

海豚真的不用睡觉吗

在我们的印象中，海豚似乎总是不停地游来游去。它们不用睡觉、不用休息吗？

其实不是。海豚在游泳的时候，有时候会闭上一只眼睛，调查它们的脑电波会发现，它们某一边的脑部会呈睡眠状态。虽然它们一直在游动，但它们左右两边的大脑是轮流休息的。

海豚是利用呼吸的短暂间隔睡觉的，这样它在睡着的时候才不会呛水，不会威胁到生命的安全。在睡眠中它的大脑两半球处于不同的状态中，当一个半球处于睡眠状态时，另一个半球是清醒状态，每十多分钟交换一次，节奏很协调。如果给海豚注射麻醉剂，使它处于酣睡状态，大脑两半球都处于睡眠状态，就会阻碍呼吸，海豚就会因为呛水而死去。

水母是世界上最大的动物吗

现存的世界上最大的动物当属蓝鲸和北极霞水母，蓝鲸以体重列为世界最大，北极霞水母则以体长著称。

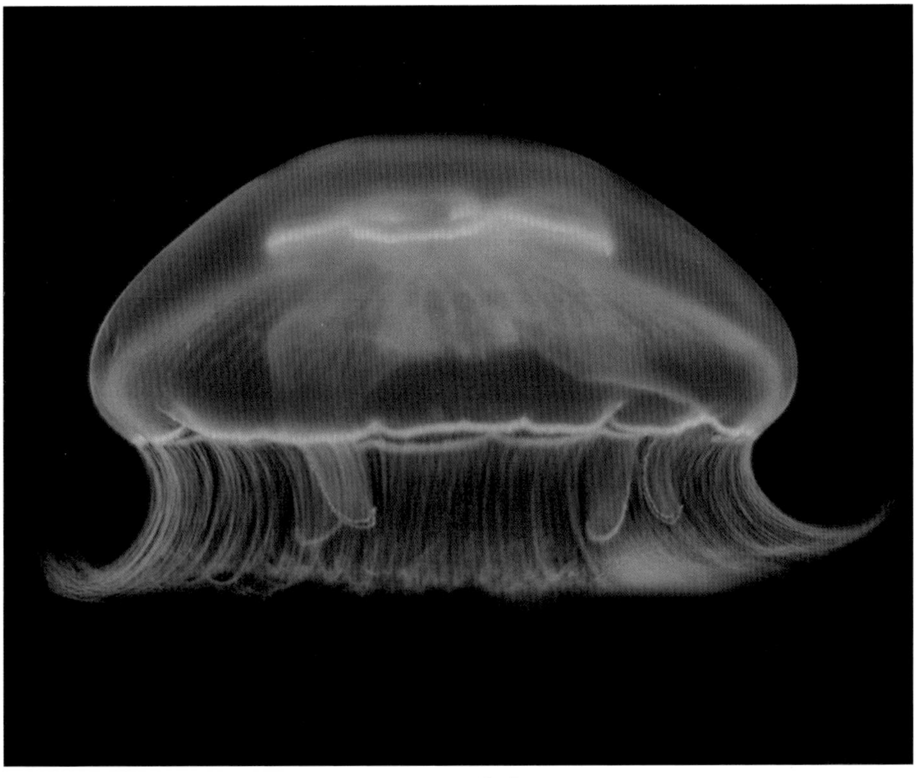

水母中最大的是分布在大西洋里的北极霞水母。它的伞盖直径可达2~5米。伞盖下缘有8组触手，每组有100多根。每根触手伸长可达40多米，而且最厉害的是，这触手能在一秒钟内收缩到只有原来长度的1/10。触手上有刺细胞，能发出刺丝放射毒素。

当北极霞水母所有的触手都伸展开时，就像布下了天罗地网，网罩面积可达500平方米，任何凶猛的动物一旦进入罗

网，必将被拿下。

1870年，一只北极霞水母被冲进美国马萨诸塞海湾。这是一只巨大的水母，伞状体直径为2.28米，触手长达36.5米。把这个水母的触手拉开，从一条触手尖端到另一条触手的尖端，竟然有74米长。

北极霞水母的罗网虽然厉害，却奈何不了小小的牧鱼。牧鱼体长不过7厘米，却能在北极霞水母的触手间穿梭自如，把它当成了避难所。牧鱼常把一些不大的食肉动物引诱到北极霞水母布下的罗网中，自己则避开毒丝，钻入巨伞下，逃脱攻击。北极霞水母则乘机收网捕猎，大吃一顿，牧鱼也能吃到一些琐碎的食物。两者一起生活，互惠互利。

海参为什么抛出内脏也不会死

海参是生活在海洋中的一类小动物。它不像鱼那样能灵巧自如地在水中快速游动，而是有独特的防身术：当它遇到敌人追击时常常“丢车保帅”，突然抛出自己的内脏，以此分散敌人的注意力，自己则趁机逃跑。

但奇怪的是，抛出内脏的海参却不会死去，这是为什么呢？

这就是低等动物的强大之处，它有着超强的再生能力。经过几十天的休息，海参那空空荡荡的肚子里又会长出新的“五脏六腑”。

为什么人类这样的高等动物发生同样的情况会失去性命，而海参却不会呢？

科学家认为低等动物，同时也包括植物，都有较强的再生能力，在受到创伤或失去身体的某一部分后，能够较快地愈合或者生出失去的那部分躯体。

海参属于低等动物，它能生出新的内脏，这是再生能力强的典型例子。

而高等动物，一般只能愈合伤口，但不会再长出失去的东西。还有很多动物，如海星、水螅、蚯蚓、螃蟹等，和海参一样，失去身体中的某一个部分都会长出新的部分。

珊瑚是动物吗

珊瑚，是大海中一道美丽的风景，那五颜六色的色彩，那千姿百态的造型，让人叹为观止。

那么，珊瑚是花？还是石头？

这两种都不是，珊瑚其实是动物。

珊瑚是一种低等动物。它属于只有内外两个胚层的腔肠动物。它只有一个口，食物从此进去，不消化的残渣也从这里排出。口的周围生了很多触手，触手可以捕捉海洋里细小的浮游生物，也可以通过振动使水流入口及腔肠中，从中消化水中的小生物。

珊瑚喜欢生活在水流快、温度高又比较清净的浅海地区。大多数珊瑚都可以出芽生殖，这些芽体并不分开，最后成为一个相互连结，共同生活的群体，这是珊瑚长成树枝形的主要原因。

珊瑚在生长过程中能吸收海水中的钙和二氧化碳，然后分泌出石灰石，变为自己生存的外壳。每一个单体的珊瑚虫只有米粒大小，它们成群地聚居在一起，一代又一代，生长繁衍，同时不断分泌出石灰石，并黏合在一起。这些石灰石经过石化，形成岛屿和礁石，也就是所谓的珊瑚礁。

鲸鱼为什么要喷水

在一望无际的大海上，时不时会看到一条银白色的水柱，像喷泉一样，非常漂亮，那是鲸鱼在喷水。鲸鱼为什么要喷水呢？它们喷水可不是因为感冒了要打喷嚏之类的原因。

其实，鲸鱼喷出来的不是海水，而是气体。

鲸鱼虽在海洋中生存，但不是鱼类，而是哺乳类动物，和人一样是需要用肺呼吸的。蓝鲸的肺很大，能容纳15立方米空气。它的体内有特殊的贮存氧气的结构，所以不用一直浮在水面上呼吸。一般隔十几分钟，鲸会露出水面呼吸一次。

鲸的鼻孔没有鼻壳，开在头顶两眼之间。换气的时候，它将肺中的废气喷出来，体内的废气接触到了外面的冷空气，就会变成白雾状，形成我们所看到的“喷泉”。鲸鱼喷气依气候季节的不同，以及种类大小的不同而有不同的形态。在冷天时，喷气更显而易见，遇强风时会被吹散。

有经验的渔民认为鲸鱼在潜水前必须做许多次喷水，如果遭到妨碍会躲避开，以调节所需的空气。所以在鲸鱼还没有完成呼吸之前，无法进行较长的潜水。有一些关于鲸鱼的记载，尤其是抹香鲸，会攻击渔民且愤怒地打破船只，可能是因为在它们换气时被打扰了。

企鹅为什么不怕冷

南极大陆的严寒我们都有所了解。企鹅能在南极安家落户，并在那里繁衍后代，成为那一片冰雪世界的永久居民，这不得不让人感叹。尤其是帝企鹅，能在南极的冬季繁殖，更是生物界的一大壮举。

企鹅为什么不怕严寒呢？

企鹅具有适应低温的特殊形态结构和特异的生理功能。首先是羽毛。羽毛分内外两层，外层为细长的管状结构；内层为纤细的绒毛。它们都有良好的绝缘组织，可以防止冷空气侵入，还能阻止热量散失。

其次，企鹅体内有厚厚的脂肪层，特别是那些大腹便便的可爱的帝企鹅，脂肪更厚。脂肪层是企鹅保持体温和抵抗寒冷的主要能源。企鹅孵蛋的时候，不吃不喝，就靠消耗自己的脂肪来维持生命。雄企鹅孵蛋时，脂肪层会消耗掉90%。

企鹅是温血动物，体温恒定，一般在37摄氏度左右，但是有时会产生同体异温的现象，即身体的温度比脚的温度高。因为脚通常站在冰雪上，脚的温度低，可降低热量散失的速度。

企鹅每年都会更换羽毛，这也是适应环境的一种方法。每年9~10月，企鹅开始脱去旧羽毛，新羽毛不断长出，把旧羽毛顶掉。当旧羽毛脱光时，新的羽毛就长齐了，冬季也就来临了。这种换羽毛的方式，比一次性脱旧换新更安全，避免了被冻死的危险。

海牛"水中除草机"的称号是怎么来的

海牛是海洋中的草食哺乳动物。它的食量很大，每天能吃下相当于自身体重5%~10%的草。它的肠子长达30米，是典型的草食动物。它吃草像卷地毯一般，一片一片地吃，被称为“水中除草机”。这在水草成灾的热带和亚热带某些地区，是很有用的。在那些地方，水草阻碍水电站发电，堵塞河道和水渠，妨碍航行，还给人类带来丝虫病、脑炎和血吸虫病等，有很大危害。

非洲有一种叫水生风信子的水草，曾经在刚果河上游1600千米的河道蔓延生长，河道被堵得连小船都无法通行，粮食也运不进来，当地居民被迫背井离乡。当地政府为解决这一危机，花了100万美元，沿河撒除草剂，但仅仅半个月时间，水草又长出来了，而且比之前更加严重。后来，在河道里放了2头海牛，这一难题便轻松解决了。

章鱼的独门绝技是什么

小朋友们听说过“缩骨神功”吗？这可是在武侠小说中常见的一种厉害的功夫。这种功夫章鱼也会，你相信吗？

章鱼在受到攻击或威胁的时候，就会施展独门绝技——“缩骨神功”。它将身体挤压，就可以穿过一个小小的洞眼，或是窄窄的缝隙。曾有一位动物学家将捉来的一条约40厘米长的章鱼放在一个空箱子里，用钉子把箱子盖好，再用绳子捆好，过了没多久，打开箱子一看，章鱼不见了踪影。

章鱼为什么能从那么小的缝隙里逃脱出来呢?

这是因为它的身体肌肉十分发达，当它要逃跑的时候，就会把身体的某一部位像打楔子似的嵌进缝隙中，然后用力将绳子等拉松，这样缝隙就会变大，章鱼就可以从箱子里溜出来了。

章鱼还能将腕足自断一部分，然后把头和身体收缩成线状或饼状，这样也就能从窄缝中钻出去了。

海星为什么会分身术

在海滩上，总会看到干干的海星。海星主要分布于世界各地的浅海底沙地或礁石上。别看它行动缓慢，外表看起来不像动物，但它可是贪婪的食肉动物。它特别喜欢吃贝类。渔民在海边养殖贝壳，海星就会潜入养殖场，撕开贝壳，吃里面的肉。渔民会把抓住的海星扔到海滩或岩石上晒死。那么，渔民为什么不把海星剁成几段、抛回大海呢?

这得从动物的再生能力说起。一般来说，生物越简单低等，再生能力就越强。海星也不例外。

我们都知道断臂再植是一个相当复杂的手术，但对海星来说，却是小菜一碟。沙海星只要保留1厘米长的腕，就能长出

一个完整的新海星。

由于海星的动作慢，所以它的主要捕食对象也是一些行动较迟缓的海洋动物，如贝类、海胆和海葵等。它捕食时会慢慢地接近猎物，用腕上的管足捉住并将整个身体包住猎物，然后将自己的胃袋从口中吐出，利用消化酶让猎物在其体外溶解并吸收。胃本是用来消化食物的，可是海星却能把胃吐出体外，充当猎食的武器，这不能不说是猎食的奇观了。

在自然界的食物链中，捕食者与被捕食者之间常常展开生与死的较量。为了逃脱追捕，被捕食动物都有自己的一套逃避手段。有一种大海参，每当海星触碰到它时，它便会猛烈地在水中翻滚，趁还未被海星牢牢抓住之前逃跑。扇贝躲避海星的技巧也很特别，当海星靠近时扇贝便会一张一合地迅速游走。

尽管海星是凶残的捕食者，但是它对自己的后代却保护得很好。海星产卵后常竖立起自己的腕，形成一个保护伞，让卵在里面孵化，以免被其他动物捕食。孵化出的幼体随海水四处漂荡，以浮游生物为食，慢慢成长为大海星。

箭鱼的“利剑”能否穿透甲板

箭鱼在海洋中可算是游泳冠军了，游泳时的平均速度可达28米每秒，连最快的轮船都比不上它。

箭鱼的上颌（hé）呈剑状突出，性情凶猛。据说，第二次世界大战期间，英国油船“巴尔巴拉”号在大西洋上航行。船员们忽然看到远处一个细长的黑东西，飞快地向船扑过来。转瞬间，震耳的响声过后，海水就从一个大窟窿涌进了船舱。

是鱼雷的袭击？不是。

原来是碰上了箭鱼的进攻。这条箭鱼用它那上颌突出的锐利的“剑”穿透了船舷。当它拔出“长剑”后，又扎穿了两个地方。最后，箭鱼无力拔出自己的“长剑”，只好当了俘虏。

这事听起来有些传奇色彩。但是，箭鱼攻击船只，把“剑”刺入船体的事儿时有发生。

在英国的博物馆里，有一艘捕鲸船，船体34厘米厚的木板中间，就嵌着一根长30厘米，圆周长12.7厘米的箭鱼的“剑”；此外，还有一块55.8厘米厚的木板，被箭鱼扎穿了孔。

箭鱼像带子一样的长长的身体和发达的肌肉，使它能像箭一样游泳击水，这就是它能击穿铁甲板的力量来源。由于游得太快，来不及避开船只，所以常会与船相撞。

乌龟能活万年吗

一提起长寿，人们就会想到乌龟。乌龟真的能够活到上万年吗？

答案是不能。一般来说，寿命最长的龟大概能活300岁。

2006年11月15日，澳大利亚布里斯班动物园为一只175岁的乌龟举办了盛大的生日宴会。这只名为“哈丽·雅特”的雌性乌龟是达尔文当年在厄瓜多尔西部的加拉帕戈斯群岛考察时，从当地带回英国的，此后又被人带到了澳洲。

乌龟为什么如此长寿呢？科学家经过研究认为，这和它们比较懒惰、行动缓慢、新陈代谢水平低有关系。

根据动物学家的研究，以植物为食的龟类的寿命，一般要比吃肉和杂食的龟类的寿命长。

龟的身体结构和生理功能也与众不同。乌龟有一副坚硬的甲壳，能很好地保护它的头、腹、四肢和尾部免受外界的伤害。同时，乌龟还有嗜睡的习性，一年要睡上10个月左右，既要冬眠又要夏眠，这样，新陈代谢就更为缓慢，能量消耗更少。

动物学家和医学家检查了龟的心脏。龟的心脏取出后，竟然能够自己跳动24小时之久，说明龟的心脏功能较强，这对龟的长寿起了重要作用。

龟的长寿与它的呼吸方式也有关系。龟因为没有肋间肌，所以呼吸时，必须用口腔下方一上一下地运动，这样才能将空气吸入口腔，并压送至肺部。在呼吸时，头、足一伸一缩，肺也就随着这个节奏一张一吸，这种特殊的呼吸动作，也是龟得以长寿的原因之一。

鲨鱼为什么只能生活在海里

鲨鱼可是海洋的一大霸主，在电影里总能看到它强大凶悍的样子。鲨鱼号称“海中狼”，食肉成性，凶猛异常。它可充分利用自己独特的嗅觉，探测食物存在的方向和位置。鲨鱼一般只吃活食，有时也吃腐肉，以鱼类为主。鲨鱼身上没有鱼鳔（biào），它的肝脏内有大量的油，以此增大在水中的浮力。为什么鲨鱼只会在大海里出现呢？

鱼类分为软骨鱼和硬骨鱼。鲨鱼属于软骨鱼，没有鱼鳔。硬骨鱼是靠鱼鳔的伸缩，自由自在地在水中升降。而鲨鱼没有鱼鳔，它的升降主要是依靠水的浮力来完成的，海水中的盐分比淡水中的多，浮力大，这样鲨鱼就能在海中自由地游动。

鲨鱼的牙齿像一把锋利的尖刀，能轻松地咬断像手指般粗的电缆。鲨鱼的牙齿不是像海洋里其他动物那样恒固的一排，而是有5~6排，除最外排的牙齿真正起到牙齿的功能外，其余几排都是备用的，就好像屋顶上的瓦片一样彼此覆盖着，一旦最外一层的牙齿脱落一个时，里面的牙齿马上就会向前移动，填补空位。同时，鲨鱼在生长过程中较大的牙齿还要不断取代小牙齿。因此，鲨鱼在一生中常常要更换数以万计的牙齿。据统计，一条鲨鱼，在10年以内竟要换掉2万余个牙齿。

螃蟹为什么横着走

一般来说，动物行进的时候都是向前走的，而螃蟹，却不走寻常路，它是横行的，这是为什么呢？

螃蟹的身体结构导致了它这种特殊的行走方式。螃蟹是节肢动物，身体表面有一层硬壳，头部和胸部相连，腹部扁平，两侧对称地长着一对螯（áo）足和四对步足。螯足向头部靠拢，主要用来捕捉食物和攻击敌人，步足向左右两侧伸出，用来爬行或在水中游动。它的每一条步足都有关节，但是和其他节肢动物不同的是，它的关节只能上下活动，不能前后转动。螃蟹在爬行的时候，由一侧步足的足尖抓住地面，另一侧足尖向外伸直，将身体推向侧面移动，就变成横着行走了。

地磁学专家的研究表明：螃蟹的横行并非是自愿的，而是受到地球磁场变化的影响。原来，螃蟹的第一蟹脚内有一个平衡囊，其内有几颗用于定向的小磁粒，好比一个个“指南针”。亿万年以前，蟹的祖先就靠这种“指南针”自如地前爬后退。后来，地球磁极的移动使地球的磁场发生了多次倒转，螃蟹平衡囊内的小磁粒也失去了定向作用。为了适应环境，螃蟹不得不采取折中的解决办法——既不向前，也不向后，干脆横行了。

大田螺肚子里为什么会有小田螺

炒田螺是一道很受欢迎的菜。小朋友在吃大田螺的时候，有没有遇到过这种情况，在大田螺的肚子里会吃出来一些小田螺，这是为什么呢？

高级哺乳动物是胎生的，比如猫咪，它们的幼体都是在母体中发育成长的，一般称为“怀孕”，等到一定时期，就会“分娩”，将幼体生出来。

田螺虽然不是哺乳动物，但它的幼体也是在母体中发育成长的。在发育初期，小田螺是半透明状的角质小颗粒，很柔软，后期体形就变大了，出现了螺壳，质地较硬。然后到了六七月份，田螺妈妈就“分娩”了，小田螺便离开了母体，渐渐长大。

所以，人们吃到田螺肚子里有小田螺的，那就是母田螺。当然，也不是所有的田螺都用这种方式生殖。

蚌为什么会育有珍珠

珍珠通常长在海水里的蛤（há）、珍珠贝，还有淡水里的蚌（bàng）等贝类中。为什么蛤、蚌中会长珍珠呢？

不是所有的蛤、蚌里都有珍珠，只有寄生虫寄生或有异物侵入体内的蛤、蚌才会产珍珠。这是它们的一种自我保护。如果有寄生虫进入，为了保护自身不受伤害，蛤、蚌的外套膜就会加速分泌珍珠质，将这个异物包住。时间久了，就形成了珍珠。有时候，有沙子掉进蛤、蚌体内，蛤、蚌一时间又无法把它排出去，就会由外套膜分泌出珍珠质来包裹沙子。时间一天天过去，沙子外面被包裹了很厚的珍珠质，一粒圆圆的珍珠就诞生了。

蚌是一种软体动物，没有脑部结构。达尔文物种进化的理论中讲，蚌在演化的层次上是很低的。然而，正是这种没有脑部结构的“低等动物”，养育出了美丽的珍珠。

海鸟和鱼喝海水为什么能“解渴”

大家都知道海水是咸的，为什么呢?

食盐（氯化钠），是海水中溶解得最多的物质，其总量约有4亿吨，平均每千克海水中含盐量约为35克，所以海水尝起来是咸咸的。当然，海洋中各处的盐度是不一样的，也就是说，海水盐度的变化是与海水的蒸发、降雨、海流和海水混合这些因素有关。

如果我们人类喝了海水，就会越喝越渴，最后直至渴死。那么，终生生活在海洋中的鱼类、鸟类、爬行动物们为什么不会渴死呢?

原来，它们都有自己独特的海水淡化“装置”，就像随身携带了一台“生物海水淡化机”。在海里，鱼只要一张嘴，水就进嘴了。这些水大部分从鳃缝流出去，不会进到肚子里。但是，吃东西的时候，部分海水就会随食物进入腹中了。鱼体内盐的含量比海水低，因此，海鱼体中的水分会自动向体外渗出，体内含盐量会增高。但要是这样，那海里的鱼不都变成“咸鱼”了吗？

这时候“淡化装置”就大显身手了。鱼的淡化装置就藏在它的腮里，叫作“排盐细胞”。这种细胞的本领非常大，当周围有血液流过的时候，可以把血液中的盐分提取出来，然后经过腮的运动排出体外。这样，鱼儿“喝”到嘴里的是咸水，但真正吸收到身体里的就是淡水了。

海鸟也有这种淡化“装置”，这种“装置”位于它们的眼窝上部，而排出口位于鼻孔内。海鸟不时会从喙上部的鼻孔中排出一个亮晶晶的水滴，然后摆摆头甩掉。这种水滴就是盐腺排出的、含有大量盐分的黏液。如果给海鸟喂很咸的食物，那它的鼻孔就会一直淌水，就像感冒流鼻涕一样，这是在排出盐分。

乌贼会飞吗

人们都知道乌贼对付敌人的一大法宝是体内腹侧的那个“墨斗”，但除此之外，它们还有一个逃避敌人的绝技——空中飞行。

在海洋中，有几种乌贼在遇到比自己强大的敌害时，会从水中跃起，像飞鱼一样，在空中飞行一定的距离。据观察，乌贼通常是贴着水面飞行，高度一般不超过1米。

乌贼属于无脊椎软体动物。它不像飞鱼那样拥有有力的胸鳍、腹鳍和尾鳍。那么，它是怎样飞行的呢?

大家知道，乌贼的游泳速度是相当快的，游速高达150千米每小时，有“水中火箭”之称。而且它游泳的姿势也与众不同，是头朝后倒退着前进的。它们的飞行也是躯干向前倒退式的。

乌贼飞行的动力来自颈部的特殊管道——水管，水管向外喷水，产生强大的反作用力，帮助它起飞。在飞出水面之前，乌贼在水中将腕足紧紧叠成锥形，并将长长的触腕伸直，长在身体后部的鳍紧紧贴住外套膜，把摩擦力减小到最低。做完这些准备工作，乌贼便以喷射的方式剧烈运动，当达到最大速度时，乌贼便斜着身子向上猛冲，跃出水面。

在空中，乌贼尽量将鳍打开，它的鳍尾在空气的压力下会向上卷起。飞行时，乌贼的第二、第三对腕也最大限度地张开，呈拱状，并张紧腕上的膜，盖住叉开的腕之间的部位，从而形成了独特的“前鳍”。这样，乌贼头部和躯干部就都有了空气动力作用面，使它的飞行既快速又平稳。无论什么样的敌人也奈何不得它。当飞行速度减慢时，乌贼就把鳍和腕叠起来，一头扎进海里，接着游动。

海马爸爸会生孩子吗

海马虽然名字里有个“马”字，但它并不是生活在海里的马，而是一种形状古怪的小型鱼类。之所以叫它“海马”，是因为它有一个与马相似的头，整个身躯看起来却像条“龙”。

海马不仅长相奇特，生儿育女的方式也非常特别。一般动物都是由雌性担负生育繁殖后代的职能，然而海马却是由海马爸爸代替海马妈妈怀孕和生育后代的。原来，海马爸爸的腹部有一个袋子，袋壁中布满大量血管，能为小海马提供营养。袋前方有一个孔，海马妈妈将成熟的卵从这里放入袋中，同时，海马爸爸也排出精子，使卵在这个育儿袋中受精。大约3个星期后，小海马就成熟了，这时它们便在父亲的“摇篮”中折腾开了，雄海马预感到自己将要分娩，于是便弯起尾巴，把身躯向前一弓，依靠肌肉的收缩，把针尖大小的小海马一只只从囊中挤出来。5个月后，小海马便长成大海马了。